情系规划忆岁月

崔功豪 著

中国建筑工业出版社

图书在版编目（CIP）数据

情系规划忆岁月 / 崔功豪著 . —北京：中国建筑工业出版社，2022.3
ISBN 978-7-112-26940-2

Ⅰ. ①情… Ⅱ. ①崔… Ⅲ. ①城市规划—中国—文集 Ⅳ. ① TU984.2-53

中国版本图书馆 CIP 数据核字（2021）第 249610 号

责任编辑：黄　翊　陆新之
责任校对：芦欣甜

情系规划忆岁月
崔功豪　著

*

中国建筑工业出版社出版、发行（北京海淀三里河路 9 号）
各地新华书店、建筑书店经销
北京雅盈中佳图文设计公司制版
北京盛通印刷股份有限公司印刷

*

开本：787 毫米 ×1092 毫米　1/16　印张：$15\frac{1}{2}$　字数：292 千字
2022 年 3 月第一版　　2022 年 3 月第一次印刷
定价：**69.00** 元
ISBN 978-7-112-26940-2
（38757）

版权所有　翻印必究
如有印装质量问题，可寄本社图书出版中心退换
（邮政编码 100037）

我的事业和人生已经和新中国城市与区域规划的发展、南京大学规划学科的成长紧紧地联结在一起。

崔功豪,1934年生,浙江宁波人。1956年毕业于南京大学地理系。现为南京大学建筑与城市规划学院教授、博士生导师。

1975年之前主要从事区域开发和交通运输布局研究,1975年之后专攻城市与区域规划,是地理学界介入中国城市规划领域的先行者之一。曾任住房和城乡建设部城乡规划专家委员会委员、中国城市规划学会常务理事、中国城市科学研究会常务理事、美国亚洲城市研究协会国际组委等职。

出访讲学美、欧、亚十余国,主持多项国际会议和科研合作项目,著有《城市总体规划》《中国城镇发展研究》《城市地理学》《区域分析与区域规划》《当代区域规划导论》等专著,并受聘为南京、苏州、无锡、厦门等城市政府规划顾问。1992年起享受国务院政府特殊津贴,2000年获任国家特许注册规划师,2016年获中国城市规划学会终身成就奖。

自 序

我不知道回忆录怎么写，也没有为写回忆录做什么准备。我缺乏记日记的习惯，也不注意记录自己办过的事、说过的话、参过的会。但也许是缘于我喜爱历史的情结，我喜欢看回忆录，无论是战争、经济、文学、科技史，还是人物传记，是长篇还是片段，是中国还是外国，都挺感兴趣。

最近几年，陆续看到了不少老朋友、老同事、老领导发表了一篇篇的回忆录，从中得到很有价值的学术启迪，唤醒了种种共同经历的往事。以往，在与同事、朋友、学生的交往、交谈中，也曾断断续续地说起过学习上、工作上、学科上的经历，谈到了自己几十年成长历史过程中的种种见闻、遭遇和感慨。当时，围听者希望我能够把它写下来，但被我婉言拒绝了。我觉得这些只言片语、零星片段、带有时代背景烙印的"故事"不值得写，也不便写。

前几年，在讨论中国城市规划、空间规划的发展时，谈到南京大学（以下简称南大）规划学科成长过程，谈到改革开放以来的学科交流与国际合作，看到了周边中青年一代的发展变化，触动了我作为一个过来人、见证者，作为中国城市规划学科发展改革的参与者、南大规划学科的创建者、一位年长者的"神经"，感到似乎有必要来回忆这些往事，有责任把它书写下来，与亲历者、关心者、有兴趣者共享。因此，我决定撰写一本回忆录。我对这本回忆录有几个界定：①这不是我个人全部的人生史，而仅仅是我的职业史，主要是规划生涯史，是南大经济地理转向城市规划后我的职业生涯和工作经历；②不采取按年份顺序的纪年体，而是按时代、行业和学科的发展变化和个人的经历阶段相结合的过程式的叙述方式；③我认为，个人规划生涯的成长、发展，与时代进步、规划转型、学科发展和对外开放形势有紧密联系，因此，我的回忆也是把个人成长融入时代、中国规划事业和规划学科、南大规划工作的发展之中，也希望由此侧面反映改革开放以来我国规划事业转型变革的过程；④回忆录所述仅限于个人经历和个人了解的部分。因此，书中所写只能反映规划行业、学科和南大规划工作的局部（个人没有能力，也无权代表全部），甚至由于认识的局限，有些内容有所欠缺、欠妥，请相关同志和读者鉴别。

依据上述界定，本书分为上篇（学科转向——城市规划复苏，1975—1990年）、中篇（学科发展转型——城市规划的繁荣，1990—2003年）、下篇（老骥伏枥——学科和规划的新探索，2004年至今）。三个阶段的划分是与我的规划和工作经历、时代发展、学科和规划事业的转型变革进程相关的。回忆包含三条发展线：我40余年的规划生涯、规划事业的发展变革、规划学科和南大规划工作的成长转型。而每阶段的内容则包括：规划发展（通过规划类型介绍）、规划学科和南大规划工作的转型、城市与规划研究、国际交流与考察四部分。即三段、三线、四部分构成了回忆录的框架体系。

鉴于这本回忆录不是一本学术性的著作，也不是一本纯历史的纪实。因此，这本回忆录没有严格规范的写作格式。它既有对时代背景、规划形势的简述，对规划类型、规划项目的介绍和评论，一些重要的规划事件、规划学科转型、规划研究、国际合作的记录等这些写实性的内容，也包括通过实地考察对国外及中国香港、中国台湾地区的城镇、乡村的游记式的描绘。为了增加可读性，本书也增加了规划生涯中所经历的小故事。因此，总体而言，本书是体裁不一、文风各异，供读者茶余饭后休憩之用的一册"闲书"，如能对读者了解我国城市与区域规划的发展变革和南大规划工作的历史进程有所帮助，则是作者之幸。

回忆录写作的过程相当艰辛。一来没有（或者很少有）实时实地的记录，主要是依靠自己的回忆，然后搜寻相关的资料、书籍、报告、历史文件、照片以求证内容、完善事件、丰富过程，征询一些相关的当事人、参与者、见证人，阅读与此相关的出版和未出版的各种回忆录、访问录（记）、大事记、学科史，予以充实订正。而由于退休多年，早就没有助手和团队来协助，我也不愿因为个人的事情更多地麻烦他人，更主要的原因是我没有把写回忆录作为一件有意义的事情而列入我的退休生活安排中。我的一些弟子曾关心地对我说："写回忆录是您自己的事，要放在心上，别人的事（指一些会议、评审、项目等）可以放放"。而我却认为，"别人的事重要，有关南大、有关学科，我要努力去做"。因此，回忆录在2016年完成大纲和写作计划后，迟迟未动。这几年几位朋友的回忆录陆续出版，对我有所触动。而时值新中国成立70周年之际，不少单位纷纷主办各种纪念性活动，包括邀请学者们撰写各类纪念文章，我也曾应邀写过有关城市与规划、有关南大的规划研究，关于缅怀夏宗玕同志的回忆文章（夏宗玕支持南大的教学、规划实践和国际交流的内容），促使我对相关事件作些梳理回顾。南大规划系举办纪念南大规划40年的活动，也提供了大量的资料。而一些单位

（新华社、江苏电视台、中国城市规划设计研究院、南大）的采访，也促使我重新整理了相关内容。这些，都为我的回忆录写作打下了基础。新冠肺炎疫情期间，封闭在家的状态则给了我可以安心在家写作的机会。于是，本书在2019年开始动笔（起初曾采用录音整理的办法，但实践效果不佳，因我不会拼音打字，就全部采用手写修改），在一些年轻人的帮助（录入、打印、修改、描图）下，总算完成了全部写作。

回忆录的完成得到了很多师友、同事、学生的帮助和热情支持，包括搜集资料、提供素材、核实信息、处理图照、打印文稿等。因此，回忆录的完成是共同劳动的成果。这里要特别感谢中国城市规划学会常务副理事长兼秘书长石楠（南大规划专业78级学生）的关心和推荐，感谢中国建筑工业出版社前社长沈元勤和社长咸大庆的支持，慷慨同意出版，感谢陆新之和黄翊编辑及时认真的审稿使本书顺利出版。

二十余万字的回忆录，凝聚了规划人生路上的诸多往事，而这正是时代机遇、事业推动、众人相助的结果。因此，谨以此书，献给为中国城市规划事业和南大规划学科发展而作出贡献的人们！

2022年春

目 录

自 序

上 篇
学科转向——城市规划复苏（1975—1990 年）

第 1 章 从地理到规划的积累 ··· 003
    1.1 地理学素质的培养 ·· 003
        1.1.1 考入南大 ·· 003
        1.1.2 地理教学计划 ·· 004
    1.2 规划能力的培养 ·· 005
        1.2.1 湘江调查 ·· 006
        1.2.2 北京研修 ·· 008
        1.2.3 综合考察 ·· 009
        1.2.4 "文化大革命"中的规划故事 ························ 019

第 2 章 学科转向：从经济地理学到城市规划 ··························· 021
    2.1 寻路 ·· 021
    2.2 办班 ·· 024
    2.3 规划初试 ·· 026
        2.3.1 烟台规划 ·· 026
        2.3.2 岳阳规划 ·· 029
    2.4 正式招生 ·· 031
        2.4.1 湖南实习 ·· 035

2.4.2　教学探索 ··· 036
　　　2.4.3　电视讲学 ··· 037
　　　2.4.4　推荐留学 ··· 038

第 3 章　全面复苏与拓展：从城市规划到区域规划 ························ 040
　3.1　城市总体规划 ··· 040
　3.2　城镇体系规划 ··· 042
　3.3　国土规划 1.0 ··· 043
　3.4　规划研究 ··· 048
　　　3.4.1　城市化研究 ··· 048
　　　3.4.2　城市空间结构研究 ·· 050

第 4 章　国际交流活动 ··· 052
　4.1　初识国外学者 ··· 052
　4.2　国际交流 ··· 054
　　　4.2.1　北美访学 ··· 055
　　　4.2.2　首访日本 ··· 071
　　　4.2.3　国际会议 ··· 072

中　篇
学科发展转型——城市规划的繁荣（1990—2003 年）

第 5 章　与改革同步，城市规划领域的新开拓和新探索 ·················· 077
　5.1　城市总体规划 ··· 077
　5.2　城镇体系规划 ··· 079
　5.3　概念规划（战略规划 1.0） ··· 084
　5.4　城乡一体化规划 ··· 088
　5.5　县域规划 ··· 089
　5.6　国土规划 2.0 ··· 091
　5.7　设市规划——新的规划类型 ··· 092

第 6 章 规划教学改革与转型 094
6.1 两个委员会的建立 094
6.2 从理科转向工科 095
6.3 城市地理教学 096
6.4 博士生培养 100

第 7 章 地理与规划的科学研究 105
7.1 相伴而行的两大重要课题 105
7.2 中美联合研究 108
7.3 城市区域空间研究 111
7.4 信息时代区域空间结构研究 114
7.5 新城市空间的研究 115
7.6 城市社会空间研究 115
7.7 贫困人口调查研究 118
7.8 乡村空间的研究 119

第 8 章 国外及中国香港和中国台湾地区考察交流 121
8.1 德国之行 121
8.1.1 和特劳纳教授的合作 121
8.1.2 参观卫星城镇 123
8.1.3 领略德国 123
8.1.4 远郊作客——黑森林的气息 124
8.1.5 项目风波 124
8.2 再访日本神户 125
8.3 两次国际地理学大会 127
8.3.1 华盛顿会议 127
8.3.2 首访荷兰 128
8.3.3 访问比利时 129
8.4 周游英国 130
8.5 重访加拿大 135
8.6 韩国首尔之行 136

8.7	首登台湾地区	137
8.8	香港研修	139
8.9	澳大利亚见闻	142

下篇
老骥伏枥——学科和规划的新探索（2004 年至今）

第 9 章　新时代、新形势、新规划 148
- 9.1　退休之愿　148
- 9.2　总体规划编制　150
- 9.3　战略规划 2.0　153
- 9.4　新型城镇化规划　159
- 9.5　新自下而上城镇化研究　161
- 9.6　城镇体系规划　162
- 9.7　市、县域规划　164
- 9.8　城镇群规划　167
  - 9.8.1　关中城市群建设规划　167
  - 9.8.2　环长株潭城镇群城镇体系规划　168
- 9.9　都市圈规划　170
- 9.10　新国土空间规划 3.0　171
- 9.11　发展规划的探索　173
- 9.12　城市防灾减灾规划　176
- 9.13　新城规划　177
- 9.14　行动规划　180
- 9.15　乡村规划　182

第 10 章　学科发展变革新阶段 186
- 10.1　组建新学院　186
- 10.2　区域规划研究中心的建立　187
- 10.3　国际化进程　188

10.4　南大规划学科的特色 …………………………………………… 190
　　　　10.4.1　南大规划教学特色 ………………………………………… 190
　　　　10.4.2　南大规划科研特色 ………………………………………… 190
　　10.5　规划校友会的建立 ……………………………………………… 197
　　10.6　南大规划学科两个教学实践基地建设 ………………………… 199

第 11 章　新形势、新探索、新思考 ……………………………………… 203
　　11.1　对时代的思考——"后时代"的城市与规划 ………………… 203
　　11.2　关于收缩城市 …………………………………………………… 205
　　11.3　关于大数据 ……………………………………………………… 206
　　11.4　人本规划 ………………………………………………………… 207

第 12 章　国际考察和访问 ………………………………………………… 211
　　12.1　神户参会之险 …………………………………………………… 211
　　12.2　欧洲小城镇考察 ………………………………………………… 212
　　12.3　新加坡记 ………………………………………………………… 215
　　12.4　美国南部的考察 ………………………………………………… 216
　　12.5　难忘迪拜 ………………………………………………………… 217
　　12.6　"拜谒"俄罗斯 ………………………………………………… 220
　　12.7　东欧纪行 ………………………………………………………… 222
　　12.8　浪漫巴黎 ………………………………………………………… 224
　　12.9　难忘的意大利 …………………………………………………… 225
　　12.10　北欧之旅 ………………………………………………………… 226
　　12.11　朝鲜之旅 ………………………………………………………… 228

第 13 章　结语 ……………………………………………………………… 230

后　　记 ……………………………………………………………………… 233

上篇

学科转向——城市规划复苏
（1975—1990年）

从1975年"文化大革命"末期，到改革开放逐步深入的十五年，中国社会从一场大灾难、大变故中重新奋起，经济重振，社会聚力，人民在党的领导下，开启了新的征程。城市规划也逐渐摆脱了"三年不搞规划"的阴影，急切地、尽快地回归到了它在经济社会发展和城市建设中应有的地位和作用。城市规划工作会议、规划座谈会、规划教育座谈会召开，一系列规划文件和规范出台，规划队伍收拢（"文革"中曾下放、流失）、培养（规划专业招生）、壮大（地理背景人员的加入），原有城市规划学术委员会恢复，中国城市科学研究会成立，规划期刊复刊，原有城市规划体系中各类规划（总规、详规）重新编制，新的国土规划出现。而随着国门的开放，国际学术交流展开，各种西方国家的规划思想、理念、方法涌入，国内对规划地位、原理、理念、模式和人才培养途径的讨论，以及规划研究的开展，使中国的城市规划进入了全面复苏的阶段。

南大也从经济地理转向城市规划，成为中国城市规划大家庭的新成员，并以其地理学科的理科素养融入了工科的城市规划体系，完善和提升了城市规划的理论方法。其自身也开始了由培训班到本科专业、研究生培养的办学阶段，踏上探索建立新的课程体系、与规划实践相结合的办学之路，成为中国培养城市规划人才的新渠道。

第1章 从地理到规划的积累

从 1975 年编制了第一个江阴县城总体规划起至今,我的规划生涯也有 47 年了。然而,1952 年我在大学里学的是经济地理,从学经济地理到留校教学和实践也已有 20 多年。回想起来,经济地理和城市规划在很多方面(学科对象、理论支撑、研究方法、分析手段)都是相同、相似、相近、相通的。两个学科都是以"空间"作为核心对象。简言之,经济地理就是研究人类活动(经济和社会)空间分布和演变规律的科学,而经济和社会活动是城市形成发展演变的主体。二者所不同的是,经济地理研究的空间领域(尺度)是多层次的、成系统的,从世界、国家、省、市、县、镇、村、居民点,而城市规划重在城市空间(城市活动和影响空间);经济地理重在研究城市发展的外部要素条件,城市规划重在研究城市内部的结构、组成、关系;经济地理长于宏观,从全局、从综合看空间、论规划,城市规划善于从微观的地块、小区、片区、建成环境去认识城市空间、组织城市空间、发展城市空间。而当城市从点到面而扩展到城市区域以后,经济地理和城市规划两者就相互融合、相互渗透,走向综合的道路。因此,我的《情系规划忆岁月》回忆录,也需要从进入南大开始,从学习经济地理说起。

1.1 地理学素质的培养

1.1.1 考入南大

1952 年参加全国第一次统一招生的高考以后,我就等待着公布录取名单。当时,我被告知高考录取名单会统一在报纸上公布,"金榜题名"。名单公布的当天,上午因为到区(上海虹口区)参加一个干部会,会后时近中午,回校路上看到不少人拿着报纸看,我也急着买了报纸查看自己的名字。在我填报志愿(化工)及相关工科专业的学校的名单中都没有找到,以为没考取,心中烦闷。回到学校,同学们提到说,你考取南京大学地理系了,我到学校黑板报上一看,公布的录取名单中正有。我感到奇怪,从没有填过地理呀？回到家中，说了这事，父母亲都不同意，说学地理、山川、河流的有什么意思，将来怎么找工作呀！亲戚也主张明年重考。我觉得我是学生干部，刚加入中国新民主主义青年团（后改名中国共产主义青年团），不服从分配不好，但也想不出"地理"好的理由，只能说"国家既然设立这个专业，几十年都有，总是有道理的"。后来，趁大学放假，回中学探望恩师时，我才打听到，由于我是班上的地理课代表，学习很好，还给同学们作高考辅导，所以地理老师兼班主任姜建邦就在我的高考志愿表上作了推荐，至此，才找到进南大地理系的原因。报到这一天，我就到上海北站乘车集合来南京了。由于南大在上海招生很多，于是包了几个车厢。车厢内都是到南大的新生，大家说说笑笑倒也解了寂寞和离乡之愁。车到南京下关站下车，学校包了大车接新生。从下关到鼓楼一路上看到的是农田、池塘、村屋，没有高大、连片的建筑，对于我们这些来自上海这个现代化大城市的学生来说，感到十分奇怪。这是民国首都吗？是大城市吗？南京城市与我想象的反差太大了。到了鼓楼，我们进入学校，进入了南大。

南大的前身是中央大学，分为八大学院，是当时国内规模最大、学科最齐全的大学。历经新中国成立后的全国院系调整，中央大学各学院被拆分为独立的大学。工学院位于中央大学四牌楼旧址，名为南京工学院。水利、航空、农业、林学、药学各院系分别成立华东水利学院、南京航空学院、南京农学院、南京林学院、南京药学院。中央大学文科和理科与金陵大学合并，在金陵大学鼓楼旧址成立南京大学。地理系吸收浙江大学地理系部分师生一并成立新地理系。金陵大学是个教会大学，师生人数不多，共500多人，而1952年我们南大新生即有1111人（由当时的副校长、著名物理化学专家李方训用他的苏北口音在开学大会上宣布，至今印象犹深）。我们地理系新生70人，由于绝大多数都是指导志愿，来的学生背景又很杂，有当过小老板、开过店的，有当过青年军的，有商店职员等。由于有些学生学习不安心，后因违反校规或退学等原因，一年后全系剩下50多人。1953年四川大学地理系部分教师连同一年级新生并入南大，人数又达70多人。

1.1.2 地理教学计划

南大地理系是当时全国最大、最好的地理系，在全面学习苏联的时代，我们的教学计划是按照苏联莫斯科大学地理系的教案进行安排的。整个的本科4年学习分为两个阶段，第一阶段是属于地理学方向的培养，到了三、四年级进入第二阶段，分成两个专业——经济地理专业和地貌专业。我属于经济地理专业，也是全国第一批经济地理专业的学生。我们本科教育的特点是课程多、教学安排密集。当时一周有 6 天上课，我们的周平均学时近 40 个小时，也就是说每天都有 6 节课以上。所以课程的内容非常广泛，除了普遍要学习的政治、外语（俄语）和数学、体育等公共课以外，我们的专业课程大概包括以下几个方面：

一是关于地学的基本知识，从天文开始，到地质地貌、气象气候、水文土壤、植物、地图，甚至还包括水利工程以及全面的地理相关课程（中国地形、中国气候、中国土壤、中国水文、中国经济地理、外国经济地理、中国自然地理、世界自然地理），而且这些课程都是由名师讲授。像经济地理概论就是系主任任美锷教授讲授的。地质课程的任课老师是孙鼐，气象气候课程的任课老师是徐尔灏，土壤课程的任课老师是科学院土壤所的马溶之，植物课程的任课老师是仲崇信，地貌课程的任课老师是杨怀仁，他们都是名教授。

二是结合经济地理专业的课程，有工业地理、农业地理、交通运输地理等。所以我们有着非常广泛的地学、经济地理方面的知识。通过这些学习，学生们建立了几个重要的基本概念。第一个就是空间的概念。我们研究的是地表空间，人类的经济社会活动都是在地表进行的，因此任何的工作、实践、研究都以认识地表为基础，对地球表面的自然现象、经济现象、人文现象都要作深刻的了解，地表是人类活动的主要载体。第二个概念就是区域的概念，地表由于自然、经济条件等方面的差异、发展目的的不同，划分为各种各样的区域，有经济的区域、有自然的区域、有农业的区域、有人文的区域、有行政的区域……因此，须确立区域差异（分区）的概念。

三是打下了世界和中国的地理格局的基本概念，了解世界和中国的自然和经济人文地理的概况，为我们今后的工作打下了一个非常扎实的地理基础。

1.2 规划能力的培养

以上是本科教育的第一个部分，第二部分是南大最大的特点，一直延续到现在——强调理论与实践的结合。我们从一年级开始到四年级，每年都有两个月（5—6 月）时间用于实习。一、二年级时称为教学实习，主要目的是巩固教学的内容。一年级我们跑遍了南京附近地区，对南京整体自然地形、地质地貌等都做了实地考察。所以当时很多其他专业的学生都很羡慕我们。我们一到礼拜天就带着背包、罗盘、铁锤，揣着馒头等干粮，很早就乘车出去考察南京附近的丘陵、山地（紫金山、雨花台、方山、青龙山等）。二年级是庐山自然地理综合实习，是对地形、气候、土壤、植物的综合实习。

特别是使我们对于由于海拔不同而呈现的自然条件垂直地带性差异有了深刻印象。三、四年级的实习称为生产实习，结合实际的国家或者地方的生产任务进行实习，比如我们三年级就进行了湖南省湘江流域实习。这就为我们学习打下了一个非常广泛的基础，培养了实践调研能力。

1.2.1 湘江调查

这里我特别想介绍的是我自己在调查、研究、综合、分析能力培养方面的经历。首先就是 1955 年的湘江流域实习。正因为南大地理系盛名在外，所以很多国家的或者中国科学院的重要任务都委托我们南大承担。湘江流域实习就是长江水利委员会长江流域规划办公室（以下简称长办）委托的任务。长办要做湘江流域规划。这样一个大规模的规划首先要对自然、人文、经济、社会各方面的情况作广泛的调查，作为规划的基础。这项任务就委托南大承担，这也可以说是我从事规划工作的开始。湘江是湖南省四大水系（湘、资、沅、澧）中最大的一支，湘江全长 844 公里，流域面积 94660 平方公里，源自广西，经湖南，入长江。南大以任美锷教授为首，带领部分自然地理和全体经济地理教研室的老师及经济地理专业的学生参加规划的调研。任美锷先生与自然地理学科的教授们进行了对整个湘江的自然地理的考察。经济地理的考察由三个教授带队：下游以长沙为中心，由宋家泰先生带队；中游以衡阳为中心，由沈汝生先生带队；上游以郴州为中心，由苏永煊先生带队。我们整个的调研工作，从 5 月份进入到 7 月份结束，最后在湖南衡山进行项目总结，历时两个月。我被分在宋家泰先生的湘江下游组，作为学生的负责人协助宋先生一起工作，湘江流域规划调查实习为我今后的工作打下一个重要的基础。

下游组对长沙、株洲、湘潭以及三个市周边所有的县都进行了广泛的调查。长沙、湘潭、株洲依次分布在湘江下游。湘江走向由南向北，在株洲处左转，至湘潭又转北直至岳阳入长江。这一弯曲，使长株潭三市分布在湘江两岸（湘潭在左岸，长沙、株洲在右岸）形成各相距 40 多公里，中间是幕云山的三角分布的形态。在历史上株洲最早因交通而兴起，后为浙赣、湘黔铁路交会点，是重要交通枢纽。1950 年代，其因苏联援助的有色金属冶炼厂及株洲机车车辆厂等布局而成为重要的工业、交通城市。长沙自公元前 202 年建立长沙国定都，后成为湖南省会，一直是这一地区的中心。湘潭原为农业地区，1950 年代作为二线城市发展，建立了纺织厂、钢铁厂，成为工业城市。三个城市形成各具特色的职能分工，是当时继北京（政治文化中心）、天津（港口、轻工业）、唐山（煤矿、钢铁工业）外最佳城市分工组合的又一例子。因此，我们在详细调查以后,进行了认真的研究,提出了三个城市整体发展的意见(也是关于长株潭城市群一体化最早的倡议)。我和同学金其铭(南京师范大学教授,已故)还合作写了名为《湘株地区经济地理》的毕业论文。

这里我要讲一个关于我们能力培养的很有趣的例子。宋家泰教授平易近人,平时都是谈笑风生,但是对培养学生的教学工作非常认真(图1-1)。当时,在我们下游组有这样的规定,宋家泰教授讲:为了培养你们独立工作的能力,每个学生都要独立担任一个县的调研队长,组织完成调查任务。他以第一个县浏阳县作试点,作为示范。他说:"你们看我,是怎么访问、怎么调查的,以后你们就跟着做。"因为我是学生组长,所以我作为第二个县醴陵县的负责人。这个县的调查目的、要求,调查提纲以及调查的发问、人员的安排,都由我来组织,相当于作一个带队老师。当时我们非常年轻,才20岁刚出头,没有经验。所以我就跟同级的金其铭一同想了个办法。因为调查中的关键就是提问,访问虽然有提纲,但是你绝对不能按照提纲一问一答,这样显得很死板,也调动不起被访问者的兴趣。所以宋家泰老师最重要的调查技巧就是,拿着提纲请他谈,从对方的谈话中间发现相关的问题,然后一个个追问下去,把这个问题谈完,回过头来再谈第二个问题。他就在整个调查中间把被访问者提出的问题深化、

图1-1　宋家泰先生指导的研究生刘志答辩场景

深入——这是一个非常重要的技巧。因此，我们两个学生认为只有用一个笨办法，就是把宋家泰先生示范调查过程中每个环节的每一句话都记录下来。一个人没有办法记，我就和金其铭分工，一个人记提问，一个人记受访者的回答，两个人眼看、耳听、手记，聚精会神，记了一大堆，回到住处再进行整理，确实对我们以后的访问帮助很大。所以我觉得这是对我们调查访问能力的培养，也对我以后的职业发展有很大的好处。

1.2.2　北京研修

能力培养的第二个方面，就是在我大学毕业以后（图1-2），任美锷教授推荐将我送到北京铁道学院（现在的北京交通大学）去参加由苏联运输经济专家季米特里耶夫讲授的运输经济学研修班学习。在毕业分配的前夕，由于我是团支部书记，所以系党支部书记白秀珍老师在前一天告诉了我们毕业分配方案——我被分配到中国科学院综合考察委员会（简称综考会，这是按照苏联生产力配置委员会的模式组建的，我通过湘江实习发现自己喜欢野外工作，因此志愿去那里）。但是，名单宣布时变成了我留校任教，而原定留校的徐培秀（女）去综考会（后又去了中科院地理所）。后来我得知这是由于任美锷先生在北京跟北京铁道学院李校长一起开会，与李校长谈到这件事情。任美锷先生思路非常开阔，觉得交通对经济地理很重要。因此，就向李校长要了个名额，然后打电话来临时要一个俄语比较好的学生去学习。于是我被分配留校当老师，而且通知我马上去北京。北京铁道学院的运输经济学研讨班学制两年，设在经济系。学员都是从铁道部系统抽调的高校教师和研究生，包括唐山铁道学院、北京铁

图1-2　1956年南京大学本科毕业证

道学院，及锦州、石家庄、南京三个铁路运输学校的教师，非铁道系统仅我一人。因为苏联专家的课程不多，一周只有四节课。所以我就利用这个机会，把运输经济专业所有的专业课程全部学完，包括铁道概论、公路港口水运综合运输、机车与车辆、站场与枢纽、铁路运输行车组织等，也参加了课程实习（上机车、编列车运行图）。这就为我以后搞交通规划打下了很好的基础。

1.2.3 综合考察

（1）综合考察一：甘青跋涉（1958—1959年）

能力培养的第三个方面，是我在毕业以后非常有幸参加了几次中国科学院委托南大进行的地区综合考察，给我留下了非常深刻印象，对我也是很大的锻炼。第一次是1958年1月，我从北京铁道学院学习回来（原定是两年，后来因为"反右"停课了，我就在提交了论文以后提前半年回来），开始第一次综合考察——中苏青海甘肃综合考察，考察的地点是甘肃的河西走廊和青海的柴达木盆地，从1958年到1959年历时两年。本来的计划是1958—1960年三年，后来因为中苏关系恶化，1960年的计划就取消了。1958年1月我从北京铁道学院返校，5月就接到通知，让我参加中苏甘肃青海综合考察队，直接到兰州报到。我当时非常高兴，总算有一次实践考验业务的机会了。到了兰州，经过简单的准备后就出发了。按计划1958年主要考察河西走廊，1959年考察柴达木盆地。

离开兰州西行，越过乌鞘岭，就进入了河西走廊。河西走廊以南为祁连山、阿尔金山，北为马鬃山，中间是一片狭长的河谷平原，是汉张骞通西域之路，即今日的丝绸之路。河西走廊是甘肃省粮食基地，工业也较发达，是甘肃省重要的经济区和城市发展带。我们沿途考察了张掖、武威、敦煌、酒泉等城市。张掖、武威两城市人口规模和经济总量较大，有"金张掖""银武威"之称。城市形态完全是中国古代传统的格局，中心是钟鼓楼，楼四门伸展出四条大道通往城市各方向，令人印象深刻。我们考察了敦煌石窟壁画，惊叹于古人的巧夺天工，也为帝国主义者偷窃、破坏壁画的行为而愤慨。一旁的鸣沙山和沙漠中的月牙泉，也使人留恋。

我们西行直到河西走廊终点——甘（肃）新（疆）交界的红柳园（当时兰新铁路已通达此站），然后南下越阿尔金山口进入柴达木盆地。

①聚宝盆

柴达木盆地位于青海省西部，海拔3000多米，是一片降水少、缺乏河流水源的石质戈壁盆地，地表铺满了一片片、一块块的石片、石块，缺乏植被，人口稀少。但矿产资源丰富，富含石油、金属与非金属矿，有"聚宝盆"之称。新中国成立以后，国家曾组织进行大规模勘探，开发了茫崖石油、冷湖油田（是西部重要的原油产地）。也有很多科学工作者为勘探资源而献出了生命（有一处地名为"南八仙"，就是为了纪念从南方来的外出勘测失联的8位队员而命名的）。1958年，我们前往位于盆地中部的海西蒙古族藏族自治州首府大柴旦（首府现迁至德令哈，位于盆地东部）与州政府联系，了解全州的情况和收集全州资料。

②两个美丽奇特的湖

1959年，我们从西宁出发，西行越过日月山，经过青海湖。青海湖水澄蓝澄蓝，湖中鸟岛宛如镶嵌在湖中的宝石。湖边是浓密的绿色草地，景色极其优美。与湖相接的倒淌河因其与一般自湖中流出的河流流向相反，从东南流入青海湖而得名。湖中盛产湟鱼（一种无鳞鱼），因藏民不食，故大量随湖水冲至湖边而死亡。时值经济困难时期，因此我们建议建湟鱼加工厂，供应内地。然后我们进入荒凉的盆地，用一个多月的时间，从东到西，从南到北，对柴达木盆地的资源、城镇进行全面的考察。其资源之丰富确实名副其实，特别是石油和钾、石棉等非金属矿和铀等放射性矿物。柴达木盆地有一个奇特的察尔汗湖，是个盐湖。湖盖甚厚，可以走汽车（后青藏铁路也铺轨通过），湖边颗粒状的透明的结晶，呈多种色彩，非常美丽（我还曾带了些透明的结晶体，交我校物理系进行检验）。湖水富含钾元素和放射性元素（后来在此建了我国最大的钾肥厂）。

考察队由中苏双方专家组成，人员很精干。中方由综合考察委员会漆克昌主任领队（曾任解放军某军军长），业务专家由中国科学院地理研究所李文彦研究员任队长，队员有我、兰州大学蔡光柏，并配有两名翻译。同时，还配备了行政人员（总会计）和中餐、西餐两名厨师，组成了有4辆嘎斯69型吉普车和两辆解放牌货车的大队伍。考察队的苏联专家确实有真才实学，很有水平，都是通讯院士。第一年重在资源考察，来的两个苏联专家都是搞矿产的，一个是研究金属矿的专家，叫波克先谢夫斯基，一个是研究非金属矿的专家，叫彼得洛夫。第二年增加了生产力布局内容，来了一个重点搞工业布局的专家，叫普劳勃斯特（后来他还写了一本关于工业布局的书，由李文彦主译，我也参加了翻译出版工作）。跟着三位苏联专家学习，确实让我有非常大的收获，特别是他们的敬业精神，任何困难的野外现场都要亲自去，上矿山、去井架，身体力行。

③彼得洛夫趣事

彼得洛夫，高加索人，苏联科学院西伯利亚分院通讯院士，体型高大健壮，体重约有300斤。他留着斯大林式的两撇胡子，上衣口袋里放着把小梳子，时不时梳他的胡子。为人虽豪爽、风趣，但十分敬业。考察队到青海西宁后，住在西宁宾馆。第二天早上我遇见他，问道：昨夜睡得好吗？他一脸苦笑。我们进房一看他的床塌了，于是赶紧让人定制换了床。我们的考察路途远，都是靠车行，所以司机很累。我们的领队漆主任就主动和司机换着开。彼得洛夫见了，也要和司机换着开。我们不同意他还生气。后来，他进了小车后又出来说不开了。原来是他肚子太大，方向盘卡住了，没法坐进驾驶座。有次我们要到山区矿点考察，路很难走。我们漆领队善于骑马，到山区考察，地方上就配备了马让他骑。我们告诉苏联专家山路很不方便，你们就不要去了。彼得洛夫说一定要去，就为他配了一匹马。结果他骑上去马就伏下来了，因为他太重。后来换了几匹马，有人牵着才进去。上矿区，他也一定要上，走两步喘口气再上。我们曾经最高到了唐古拉山南部，海拔4000多米，他是走一步喘口气，但是他一定要坚持去，任何的现场他一定要到。苏联专家这种敬业的精神值得称赞。

由于我们考察的地方面积太大，当时我们每天是按照200公里的行程来进行考察，一个地方只能待大致两天到三天时间。第一天下午到了地方听取当地汇报，第二天考察，晚上回来整理总结，第三天上午向地方反馈意见，完毕后下午就到下一个点。专家们对于一个地方的资源的观察能力、辨别能力非常强，一到考察现场，听了汇报就抓住了主要的问题，通过现场考察很快就归纳出问题，进行总结并向地方当局汇报，提出他们的意见，而且十分中肯。这种认识事物、分析事物、观察事物和抓住重点的概括能力，让我印象非常深，我们也就跟着学。因为当时这个考察任务要求比较高、行程比较远、配备比较齐全，费用相应也很高，所以参与人数不能多。当时两个苏联专家配了四个中国专家，而且分工明确。我一去就在考察队中专门负责煤炭、石油等能源工业和交通运输部分的考察，写报告也是由我负责。当时，我大学毕业才两三年，经验不足，所以十分用心、战战兢兢，最终总算完成了任务，李文彦老师很满意。我还写了篇名为《柴达木的交通运输》的论文发表在《地理知识》杂志上。

④青海考察生活二三事

野外考察工作虽然忙碌、紧张，但还是有不少颇具生活乐趣的事。

周末舞会。当时，机关、学校活动盛行交谊舞，每逢周六、周日就有舞会。由于苏联专家来到，各地政府（从省到市）都举行舞会，欢迎专家和考察队成员，但我们都不敢参加，主要原因是我们穿着太不合时宜：陈旧的考察服、高帮的反毛皮鞋，又粗又笨。我们没有一件像样的出席舞会的衣服（谁也没有思想准备），实在不敢和女伴共舞，而且舞姿又不好。经当地接待同志反复做工作，队领导终于同意参加，我们就勉强去了。虽然战战兢兢，但在舞伴的热情配合下也算是完成了任务。苏联专家倒是很有兴趣，愉快地接受舞伴邀请起舞。有趣的是彼得洛夫的舞姿，他人胖腹大，无法搂住女伴的腰，只能搭到身体，但也舞得很高兴，逢请必舞。

大柴旦的球赛。在大柴旦时，考察队休息一日。行政人员闲来无事，就邀了当地驻军打篮球（考察队总会计老张是个篮球高手，身材高，球艺精，我因在中学时也喜好篮球，于是也凑个数，组成了队伍）。比赛开始阶段，由于老张的球技，我们打得很顺手，屡屡进球。但不到半场，我们就气喘吁吁跑不动了。在海拔3000多米的高原打球，我们来自沿海平原的人怎么顶得住。所以到后半场，我们只能让老张站在对方篮下，等我们得到球，直接传给他以求得分。即使这样，我们仍然败下阵来。

⑤酒钢之争

在中苏青海甘肃综合考察中，我们主要的任务是资源的开发和生产力布局。这其中，第一年（1958年）就遇到一个问题，就是我国当时要在西北地区建立钢铁基地。我们讨论的意见是选址在酒泉，一是因为其具备钢铁工业布局的条件，在附近有铁矿资源和煤炭资源。在酒泉南面的镜铁山就有铁矿资源，而其西面是新疆的哈密巴里坤煤田，相距不远，又可利用兰新铁路东行的回空车辆运煤。二是国防的原因，钢铁工业不能布置在沿海，所以当时选址在酒泉。但是选在酒泉最大的制约因素是水。考察提出利用祁连山上的冰川，通过融冰化雪，水进入河流就可以为酒钢提供水资源，因此最后选址在嘉峪关。但当时苏联专家不同意，他们认为酒泉基地选址荒无人烟，没有一点城市基础，人也很少，建设条件太差。虽有辽阔的土地，但建厂缺乏依托。他们认为应当选址在兰州，因为兰州是大城市，交通比较方便，水资源也可以依靠黄河，也靠近产品市场。但是我们当时的思想就是从国防战略的角度考虑将其放在边远一点的地区，同时可能也受到控制大城市发展的观念的影响，所以坚持选址在酒泉。这使中苏两边专家之间展开了争论。我们当时的负责人是中科院地理研究所的李文彦教授，他是一个非常著名的工业地理专家。他带领我们向国家计划委员会汇报，坚持我们中国专家的观点，最后国家还是采纳了中方的观点，最终选址在酒泉建厂。但是现在回过头看，酒钢建厂后有十几年没有投入生产，就是因为当地条件太差。人要调过去，要建设交通，要建城市，要建各个设施，等于说要在一块平地上建一个新城、新厂，这不是一个非常容易的事情。在这个过程中我也学到了怎么进行工厂选址，特别是如何分析运输条件，利用回空车辆的思路，这给我新的启发。

⑥胖厨师梦中坠车

我们的考察队有两辆解放牌大货车，一辆装人（行政人员），一辆载货（主要是面粉、大米、菜、肉等生活用品）。我们的中餐厨师（北京人）喜欢车上宽敞，就坐卧在大米、面粉袋上面，随车行进。一天，半途停车休息时（戈壁滩缺少正规公路，车开到哪儿，哪儿就是路），发现中餐师傅不见了，正要急忙派小车去找，哪知师傅正缓缓地跑来了。原来他睡着了，车一颠，他就随一袋面粉一起翻下车来，幸好没有受伤，虚惊一场。

⑦武装护送

1959 年夏日间，我们正在柴达木南缘考察。西藏发生叛乱，解放军平定之后，部分残匪外逃。由于柴达木南部的玉树、果洛两州均为藏族自治州，上级领导担心专家安全，要求中断考察。但苏联专家不同意。于是青海省就派出一个班的战士乘车架机枪武装护送。省公安厅派员每车 1 人随车（专家车）保护，我们就这样组成一列长长的车队在柴达木考察。在格尔木，考察队进行简单的休整。格尔木是柴达木盆地重要城市，是青藏公路的起点。由格尔木往南，海拔逐渐升高，到唐古拉山已是 5000 多米，然后到拉萨下降至 3000 多米。青藏公路是进藏最方便的途径（川藏公路处在自然灾害多发地带），也是一条重要的国防公路。因此，格尔木地位非常重要，设有青藏公路管理局和军分区。格尔木也是一个新兴城市，这里有一片动员共青团员劳动种植的"共青团林"，是整个盆地面积最大的绿地。

⑧满饮告别

1959 年 8 月结束柴达木考察，途径德令哈，我们看到一棵绿油油的树耸立在路边。大家大声欢呼："见到绿了！"回到西宁的当晚，苏联专家邀我们去宾馆一聚。在宾馆，我们一起交谈欢唱。临别之际，我们相约明年再见。苏联专家没回应。彼得洛夫拿起满满的一杯红酒，含着热泪，要我们一起干杯，我们为他的热情感动，也第一次满饮了红酒送别。后来才知道，他们已经接到通知，合作计划中断，他们不会再来了。

（2）综合考察二：彩云之南（1960—1961 年）

第二次综合考察是 1960—1961 年。南大地理系接受了中国科学院一个非常重要又紧急的任务——到云南南部寻找橡胶宜林地。1959 年，我国橡胶原料进口被迫中断，所以迫切要求在我国境内寻找橡胶宜林地。当时云南省南部就是一个适宜的地区，所以任美锷先生就接受国家任务，带领我们全系的老师和学生，去云南南部五个州进行全面考察。考察要求很明确，因为不知道哪里有宜林地，所以拿了五万分之一的地形图，按照海拔 500 米以下、成片面积超过 1 平方公里的要求，到现场去查勘。当时是没法按照公路路线计划行程的，完全是按照地形、县城和镇的分布来确定。按 1 个小时步行 10 里路的概念，再按照路线计算出当晚的住宿地点。出发前，我们把行李交给马帮，告诉马帮领队把行李运送到哪个地方去，人则带着装备走路进行全面考察。当时我已经是老师了，任美锷教授要求我们每一位老师负责一个县。第一年考察文山壮族苗族自治州，我负责西畴县，然后考察红河哈尼族彝族自治州，我们一直顺河流到达中越边境。第二年考察西双版纳傣族自治州，西双版纳是以傣族为主的民族州，低山、丘陵、平原相间，气候炎热，作物一年二熟乃至三熟，盛产茶叶、水果。傣族民风开放，好歌舞，爱整洁，衣着美丽，特别是女子穿着各种色彩的筒裙。因天热，她们在劳动间歇就下河洗澡，洗澡时就穿着衣服直接下水，把筒裙往上卷在头上，人往下沉到水里就洗，洗后即随筒裙放下起身，衣服因天热不久即干。为此，队里严格要求我们尊重民族习惯，走路不得向两边观看。这个时期正好是我们国家的经济困难时期（1960—1961年，1963年困难时期才结束），我们到那里有时找不到吃的，后来听老乡说有一种东西可以吃，就是芭蕉根。就这样，我们度过了一段艰难的时期。当时在云南的工作非常紧张，但是大家积极性很高，因为这是为国家解决战略物资的问题。后来云南的调查报告和建议得到认可，国家在云南宜林地大面积种植了橡胶林。任美锷教授也在调查中发现了很多新的自然规律，提出了"准热带"的观点，发表了很多具有科学价值的文章。

考察西双版纳时，我们正好于4月12日回到首府景洪。当天特别热闹，道路两旁摆着船，船中盛满从澜沧江取来的水。我们后来才知道正是傣族最著名的节日——泼水节，人们互相泼水，以求吉祥。大家拿着各种容器（盆、桶、杯子、碗）盛着水，从船里舀水互泼。我们因为是外地来的更成为被泼对象，淋了一身水，但很高兴。

（3）综合考察三：贵州考察（1963—1965年）

1963年，南大地理系接受了中国科学院综考会开展"西南山地综合利用"考察的任务，负责在贵州省开展"贵州山地利用综合考察"。南京大学发挥地学学科的优势，以地理系为主组织地质、地理、气象、生物四个系，由地理系副主任张同铸教授带队，我作为他的副手组成综合考察队（由于工作任务的需要，临时把我从教学编制转为科研编制，不担任教学工作，专门负责贵州考察工作）。前后三年多的时间里我到过贵州的每一个县（图1-3），实地调查访问，或车，或船，或步行，去了很多人都没有到过的地方，经历了很多危险（包括龙卷风、暴雨、洪水、塌方、急病等），在外面日晒雨淋，衣服湿了干、干了湿，因而染上了一些职业病，但确实得到了很大的锻炼。当时我们有一个信念就是，没有调查就没有发言权，要认识山地必须身临其境。这次考察由于是地理系负责，我又是队长的副手，所以在张老师回南京期间需要我先听取各个专业汇报，进行总结，然后再向各个县及省政府领导汇报，这也培养了我的组织能力和分析表达的综合能力。

图 1-3　1963 年贵州遵义考察
注：左起依次为崔功豪、姜忠尽、张同铸、包浩生

①茅台龙卷风

1964 年我们调查遵义地区。某日傍晚，我们到达赤水河边仁怀县茅台镇，住在县招待所。当晚天气异常闷热，凭着一个地理工作者的直觉，我们感到天气可能有问题，所以睡得比较警醒。半夜一两点钟时，突然一阵大风，把对面房屋的瓦吹过来，砸碎了房间窗玻璃。我急忙起身拿起一床被子往外走。门被风顶着，打不开，我便喊了对门的老师往里推开才出来，走到一楼。这时，风大、雨急、雷鸣、低温，楼下已聚满了附近居民。我和包浩生老师一起，打着电筒，把被子给了妇女、小孩，并照看四周。这时，街上已经积水，路杆倒了，电线断了。一些居民没有避电知识，想拿东西去撑欲倒的房屋结果触电致死。凌晨风过，雨停、水退。我们上街一看，大为惊奇。只见街上的楼房房屋被龙卷风顺着风向齐刷刷地切去了一角，露出了房屋内的装饰：床、柜子、桌子……好像是展览会的"样品房"。我们停在招待所外的吉普车上满是碎玻璃，幸好机器未坏。后来由于县里忙着救灾，我们便匆匆离开继续考察工作了。

②可的松针

1964年我们在遵义地区某县调研，住在县招待所。可能是日晒雨淋之故，我游走性关节炎发作，躺在床上，不能动弹，不能变换姿势，一抬手、一抬脚、一转身都疼痛难熬。师生们要带我去医院看病，但我走不了，从房门口到院子就走了半小时，十分痛苦。林炳耀（当时刚毕业留校，一起参加考察）忙去医院请医生来诊治。医生说这是急性发作，要住院慢慢治，需要一个星期。我说明我们的工作特点，几天就要换一个地点，我是负责人，不能留在这里。后来医生说，可以打可的松针，这是一种带有激素的药，可以抑制疼痛，但只能打两针，否则有副作用。我表示同意，打完两支可的松后，我就如常地工作了。

③威宁急病

1964年，我们去威宁考察。威宁地处云贵边境，是贵州最西部的县城，属高原地形，海拔高，地势平坦，经济落后。内有高原湖泊"草海"，具有旅游价值。由于路途较远，我就带着经济地理四年级的郭庆敏（班长，后任中国银行济南市分行行长）前往。半夜，我突然腹痛难熬，但因住处距县城较远，小郭就背起我，走到公路边，向途经的车辆求救。后来，一辆货车经过，司机知道这种情况，二话不说，就带着我们驶向最近的云南昭通市。由于司机也没到过昭通，不认识医院所在。所以一进城，就向两边居民一家家敲门询问，最后才到了昭通市人民医院。我都顾不上问司机的姓名，他就默默地走了，热心助人，不求回报，还有那些半夜因为敲门而被惊醒的居民也都热情指路。他们纯朴、善良的品德令我至今难忘。进了医院，我遇到的是从上海医学院毕业分配来工作的医生，她诊断是急性阑尾炎，要开刀。我向她请求说，我不能开刀。因为我是项目负责人，全队一大堆事都需要我安排呢。最后采取了保守疗法，第二天下午我就回到威宁。我很感谢这位医生的医术和医德，至今我也再没有复发过阑尾炎。

④上山访问

1964年我与林炳耀一起去山区调研，得知生产队支部书记家在山上，于是和小林上山。支书家孤零零地在山上，说是便于观察山上散落的村寨。他见到我们非常热情，向我们介绍生产队状况和自然地形。然后，热情地请我们吃饭，拿出来深藏在坛里的鱼（这是书记春节前到山下买的鱼，一直深藏在水缸里，也不知是什么方法，居然不腐），没有青菜就从山上地里拔几根野葱，沾着盐就吃了。书记深情地说，这是解放后第二次见到山下来的人。他言词非常激动，我们也很感动。一顿荞麦饭，我们也觉不出什么菜味，就吃完了。离别时，书记一直要送，我们走出很远了还看到他站在山上招手。

我们的心情特别难受，这是什么样的信念，什么样的情怀呀！

⑤高山夜宿

1964年我们在毕节山区考察。毕节位于贵州西北部，是一个较为贫困的高原区。我和林炳耀为实地了解山区经济状况，就去高山考察，找村干部调研。一天下午访问后，天色已晚不便下山，我们就留宿在山上。村干部找了两间空房（我和林一人一间），房中只有一张木板床，垫着毡子，一个方凳，给了我一条毯子当被子。我们都知道山上卫生条件差，毡子、毯子里都有虱子。但山上奇冷，睡觉不盖不行。为了避免虱子沾身，于是我们脱光衣服，把衣服放在距床较远的方凳上，然后上床盖上毯子就睡。人也累了，很快就睡着了。第二天早上起来，我们抖抖身子，就到方凳上取衣服穿上。离开房间，告别干部就走了。下山半途，我们在村边的屋子里看见人们都是光着上身披着一件破旧棉袄围炉烤火，可见山区之贫困，一家人一条裤的故事均有传闻。

⑥溶洞探险

贵州是一个多山而石灰岩分布较广的省份，岩溶地貌（喀斯特地貌）发育。不仅在地表上到处分布有峰林状的山丘，地下空间更为奇怪复杂。地表上山丘、盆地相间，而石灰岩的溶蚀盆地又漏水，不利于水稻种植，影响农业生产，这也是贵州贫困的原因之一。但这里地下溶洞发育，洞洞相通，不知终点。溶洞中石灰岩的结晶形成了石笋等奇特景观，织金县的织金洞其长度、宽度、景观等世界罕见。我们为了了解地下暗河的流向，曾放物漂流和下洞考察，其内部深邃难测。洞内空间有宽有窄，有时不得不伏身进入，别有一番天地。贵州溶洞很多，当时被视作不利生产的条件，而在今日则成为重要的旅游资源。鉴于贵州喀斯特地貌的复杂性，南大地理系专门设立了喀斯特研究组，由任美锷院士亲自领衔，长期在贵州设点研究，培养博士，也由此成为国内喀斯特研究基地，任院士也成为国内著名的喀斯特研究权威专家。

⑦厕所革命

1965年我们去贵州南部兴义地区考察，那里景观与北部、东部迥然不同。一是岩性变化，已是砂岩等非石灰岩地区，二是气候温和湿热，三是有较多少数民族。一次去罗甸县考察，我们一到县城，只见到处是标语、横幅。写的是"大搞卫生运动，开展厕所革命"。不少街道旁正在建厕所。我们感到十分奇怪，还要提倡上厕所干嘛？这不是普通常识吗？打听下来，原来当地的少数民族在山上劳动，大小便就在山上解决，没有上厕所的习惯。为了彻底革除这陋习，县政府下决心培养群众的卫生习惯。因此，开展厕所革命，也就很有必要了。

⑧从江尝生

从江县是我们贵州考察的最后一个县。由于其位于都柳江以南，没有大桥，只能乘船前往。都柳江是当地一条重要的河流，下游直达广西柳州。其水清水大，下游城市所用楠木都是顺都柳江而下运输的。从江县是一个民族县，我们考察队有严格的纪律，必须尊重民族习惯（在云南也是如此），来到从江，我们也有这个思想准备。访问结束后，县政府招待我们吃饭，在食堂举行。只见厨师从横梁上拿下挂在梁上的猪内脏等，洗洗切切简单加工就拿上桌了。原来当地经济不发达，居民收入低，买不起肉类等食品。因此，在过年宰猪宰羊时，就把内脏取下来挂在梁上晾干备用的，遇到客人来就取下来食用。我们看到拿上来的菜实在难以入口，但为尊重民族习惯，还是边勉强下咽，边与主人谈笑风生，感谢他们的接待。在这里，我们也深切感受到地区的贫富差距和民族习惯的差别。只有首先发展经济，生活才能改善，才能走向文明的现代生活。

所以三次考察对我而言，在调查、研究、综合、分析的能力培养方面是一个非常重要的基础阶段，这也是所有空间规划、区域规划工作者所必须具备的能力。

贵州综合考察三年（1963—1965年），我跑遍了贵州的山山水水，当时确实感到贵州改变面貌所面临的困难。"天无三日晴，地无三里平，人无三分银"，自然条件恶劣，习水、正安等地石灰岩的"石旮旯"（石灰岩山坡上的缝隙）山地寸草不生。老乡们在山缝中点上玉米，不再管理，待到玉米成熟了再去收，生活困难。我专程去北京林业大学的关君蔚教授（山地改造专家）请教，也未找到有效办法。而在今天的生态时代、互联网时代和消费时代，贵州的气候、山地资源成了宝，成了发展大数据产业和旅游业的财富。所以，对地方环境、对资源的看法评价，应当有动态的观点。1965年年底我们集中在北京，我负责编写综合报告，报告的题目是《贵州山地综合利用》，全部完稿大概有50万字。我们将稿子交给综合考察委员会，但后来在"文化大革命"中，这本报告全部找不到了，非常遗憾。

1966年初，我们接受贵州省委托进行惠水县规划任务。当时系里组织经济地理、地貌、水文各专业老师和学生参加，由我负责。5月份队伍到达惠水，在与县领导共同研究完工作计划，组成规划领导小组，开了动员会，即将分组去全县调查时，"文化大革命"开始了，时任南大校长匡亚明被批斗，学校电令我们回校参加运动。起初我还以为和过去的运动一样，就以工作即将开始为由，请求不参加运动。后学校几次电令回校，我们只能向县领导致歉，由我和陈家纪老师分别带队回校。

1.2.4 "文化大革命"中的规划故事

（1）11个小水电站规划建设

1969年我和系里部分老师去江苏宜兴劳动。1970年全国似乎掀起建设小水电站的热潮，浙江省尤其开展较好。宜兴县也要求建设水电站。为此我们去浙江专门考察建设水电站的经验后，也开始水电站的研究工作。当时，大部分老师已回校参加运动，留下我、吕明强、傅文伟三人负责此项工作。我们充分运用学过的地质地貌、水文气象、水利工程、电力工业、测量等知识，对宜兴山区特别是张渚区进行全面考察。根据区内各条河流的流量、水位（洪水、枯水、常年水位）、河床坡度，计算各预计站点的落差和地形，并研究了附近的村庄、居民点等，最后选择了11处可建站的选址。我们就和公社（茗岭公社——我们当时住在茗岭大队的岭下小队）商量，调用公社民兵参加水电站建设工作。公社委派民兵连陈连长（从武汉复员回来）带领一干民兵参加工作。我们首先利用经纬仪、平板仪进行地形测量，确定引水渠的线路，然后在选定的站址上建电站，在水渠终点建水池、导管，引水入站。村民们听到建电站都非常高兴，对建水电站也十分支持，也奇怪水怎么能上山。我们一共选择了11个小型水电站（发电能力从十几千瓦到几十千瓦），主要满足本地村庄需要。

建设水电站的关键是修坝蓄水建水库和建电站。但我们只是理论上学过，从未亲自建过。这对我们是现实的考验。在我们建造茗岭的第一个电站时，首先确定了坝址，计算了水库回水面积、蓄水量、库容，然后确定水坝高度和坝基深度，之后确定了施工时间、施工力量的组织和建坝成本。我们充分运用了地质地貌知识，研究了岩层分布等，估算了河面与地下基岩的距离，确定了开挖深度，就正式开工了。我和傅文伟二人（吕明强后来也回校了）都在施工现场，看民兵开挖,说实话心里还是觉得有些悬，因为我们没有实践经验。最后,按我们预计的深度挖到了基岩，大家都高兴得跳了起来。民兵连长一把抱住了我，这也是他要向公社交代的责任呀！然后，我们请了张渚区水利局从水利大专毕业的小秦（宜兴人）一起合作建电站。我们到张渚镇购买了水轮机，和小秦一起挖机房安装了水轮机。同时，根据总发电量按平均水量和枯水量的发电量和全年12个月用电量计算用电分配方案。按每户两盏灯（每灯25瓦）和户数，计算出村民用电量、队部等公用单位用电量、路灯等交通用电量，取得和总发电量匹配的总用电量。然后请电力部门架设电线,安装电灯。当第一个电站开始运作，村庄通电时，附近村民都来参观，十分高兴。当11个电站全部建成后，我们才离开了宜兴。1990年代，我们再到宜兴做规划时，得知少数几个电站还在，最大的胜利水库在后续水坝竣工后，现名响山红水库，坝高11米，总库容40万立方米，依然发挥着作用。

（2）休宁规划

1973—1974年，为了不荒废专业，发挥我们山地研究的经验，我拜访了安徽省管林业的马副省长（军队转业的老领导），表达我们愿意为安徽的皖南山地利用进行调研和规划时，他给了我们大力支持，推荐我们编制休宁县土地利用规划。

休宁是徽州地区的一个县，所在地为屯溪。休宁是一个山清水秀的山区县，以农林业为主，是著名的"屯绿祁红"茶叶产地（"屯绿"主要为休宁县产绿茶）。徽州在中国的经济和文化史上都占有重要的地位。徽州人善于经商，徽商是中国十大商帮之一。据闻徽州男子成年后，即外出经商，常年不归。徽人虽重商，但也非常重学，常资助家乡办学，这里也诞生过不少名人，并形成了著名的"徽派"文化。而徽州的徽砚、徽墨，再加上附近宣城的宣纸，更是名满天下。徽州也是安徽省名（安庆、徽州）的组成部分。因此，能到徽州进行规划，我们十分高兴。我们拜访了当时的徽州地委万书记，听了他的详细介绍和殷切要求，参观了屯溪老街，更使我们对徽州的山水、城市、文化充满敬意。

休宁规划组由经济地理、地貌、水文、土壤等各专业老师组成，由我负责。休宁规划除了常规的通过对徽州地区各县市的调研分析，明确休宁的特点及其未来发展方向等内容外，还重点对休宁的"土地"进行详细的调查研究。由于时间充裕，有近一年时间，我们对休宁县进行了全覆盖的调查：测量了每个山的坡向、坡度、坡长，分析岩性、岩层分布与坡向关系（顺坡易产生滑坡和水土流失），以及坡地、土层厚度、植被状况、土地利用状况；分析每一片山地、每块农田土壤的酸碱度、养分、水分、有机质、厚度，种植作物（农、林）的耕作方式、收益；每条水溪、水渠、水沟的水量、水质、季节变化……获得了大量数据，绘制了各种图件，最后提出了作物布局（农、林）、土地改良、水土保持、分区治理等方面的规划方案，并向县领导汇报。"文化大革命"后，休宁县充分利用这个规划方案作为全县经济发展的依据。

第 2 章　学科转向：从经济地理学到城市规划

2.1　寻路

对于一个学科和一个专业发展很重要的一个问题，就是要明确它的发展方向、服务对象，因为我们国家的学科发展非常强调学以致用、专业对口，计划性强。由于经济地理专业学习的课程比较多、知识面比较广，所以它的适应性就很强，可以服务于国民经济各个部门，但是它的问题恰恰是没有一个专门的、主要的服务对象，所以使得这个学科在学生专业分配方面就出现问题。在"文化大革命"前（1965年左右）计划经济时代经济地理专业就已经开始出现毕业生分配难的情况，出现了储备生，或改行到统计局等，大家不明确学了以后干什么。因此在"文化大革命"开始的时候，经济地理专业就成为学生造反的重点对象，口号叫作"砸烂经济地理"。1974年，各个专业恢复招生，招收工农兵学员。而经济地理专业因为方向不明，就没有招。因此，经济地理专业迫切需要解决专业出路问题，需要到北京过去曾服务过的部门了解他们对专业的要求，但是没有出差经费。当时我国在支援非洲欠发达国家的时候，由于不了解当地的自然环境、历史、经济等问题，使得我们的支援达不到实效。比如，我们国家的汽车按照国内的要求生产出来，输出到那些国家，但是其地处高原地区，地形气候不同，所以并不适用，类似这种情况很多。所以当时的外交部要求我们学校的非洲地理研究室（"文化大革命"前教育部为开展国外地理研究，曾在有关学校设立专门的研究机构——上海华师大设西欧北美研究室，南大设非洲地理研究室，东北师大设东北亚研究室，福建师大设东南亚研究室）为非洲各国编制一本关于当地历史、地理、文化的书，还专批了经费。所以1974年我就利用这笔经费到了北京，到中央有关部委（国家计委、农业部、林业部、水利部、交通部、铁道部等）介绍我们专业的情况，了解他们对人员的需求，询问他们能否成为我们专业的服务对象。他们都觉得规划非常有需要，每个行业都认为没有规划不行，但是人才（毕业生）不要。他们的想法很正常：一个规划编完了以后，要维持5年、10年，不可能为了做一个这种规划就增加一个毕业生的编制。最后，我找到了国家基本建设委员会（以下简称国家建委）城市建设局，到了办公室，介绍我们这个专业过去做过的工作，能做些什么，愿意为城市规划建设服务等。当时的办公室主任，我印象很清楚，是一个女同志，大概有50多岁，叫林群。她是一个老红军，态度非常和蔼，非常认真地听取我的意见。她就讲，"我们正要开始恢复城市规划，你们做的这些我们非常需要"。然后就把我介绍到了当时的规划处，由夏宗玕（清华大学毕业，当时是规划处的一个工作人员）和我们联系，同时也认识了当时的规划处处长刘学海、王凡等。他们都非常热情，在了解了南大经济地理专业的情况、学科的基础、过去的工作经验后，觉得都非常适合，所以明确我们可以为城市规划服务。我听了非常高兴。他们说当前要恢复城市规划工作，但规划干部非常缺乏，问南大能不能马上招生帮他们培养干部。当时我还是比较谨慎，说我们先试点，自己先做一个城市规划，来检验我们的学科能不能做城市规划，然后再来确定什么时候开班。我回到学校把这个消息告诉大家，大家都非常高兴，就这样决定了我们的城市规划方向。后来我才知道当时北京大学、中山大学已经开始介入到这个方向。

我们在1958年"大跃进"期间曾经和同济大学合作做过扬州、泰州的城市规划，由于当时主要负责单位是同济大学，我们做的用今天的话来讲就是前期专题研究。1975年在江苏省建设委员会的安排下，我们到了江阴县做县城总体规划。江阴县位于长江南岸，临江，地理位置重要，设有军事基地，工业基础好，乡镇企业发达，有锡澄运河与江南运河相通，直达无锡，交通便利，是一个经济发达的县，县城为澄江镇。

当时我们系里办公室有个年轻的搞后勤的同志叫邢建澄，他就是江阴人（江阴县城的名字叫澄江镇，所以他取名就是这个澄），他帮我们搞联络。我们还通过一个学生去当时的省委书记彭冲同志那里征询对江阴发展的意见，彭书记提出江阴县城未来的设想是"10万人口、10平方公里用地、10亿产值"。当时我们教研室的8个老师，由宋家泰老师带队，包括我、张同海、郑弘毅、苏群、王本炎、傅文伟、庄林德一起去江阴。然后8人进行了工作分工：宋老师总负责，我和张同海老师负责总体布局，郑弘毅和我负责交通，苏群、王本炎负责工业，傅文伟负责公共服务设施，庄林德负责历史等。我们运用经济地理知识，根据城市规划的要求，对澄江镇作了细致全面的调研（图2-1）、分析，最终完成了规划方案。汇报以后发现效果不错，为我们树立了办班的信心。后来得知，我们这个规划做完以后因为处在"文化大革命"期间没办法审批。"文化大革命"结束后，江阴在我们的规划基础上根据审批的要求作了修正报上去后，很快就批准了（图2-2）。

第2章 学科转向：从经济地理学到城市规划　023

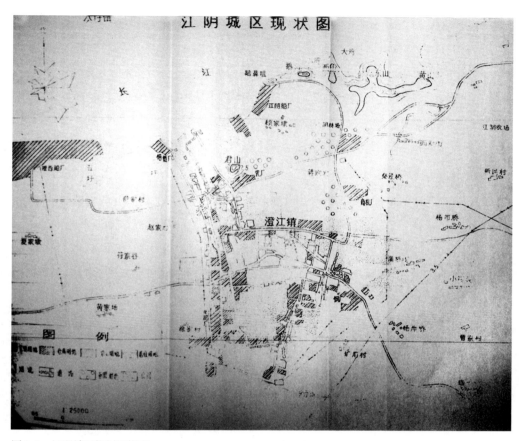

图 2-1　江阴城区规划现状图

图 2-2　1980 年江阴城区总体规划文件

2.2 办班

江阴规划做完以后我们就向国家建委城市建设局提出,从 1975 年的 9 月开始招生。当时城建局明确的是以城市总体规划为主的干部培训班,由国家建委城市建设局正式发文到各省请他们选调干部培训。当时明确一个省 5 个人,6 个省组成一个班,共 30 个人,到南大学习 1 年,1 年以后回原单位工作。第一期培训班从 1975 年 9 月到 1976 年 7 月,学员来自甘肃、陕西、河北、河南、江苏五省。可能是考虑到南大、北大、中山大学三个大学(均办班)的分工,南大培训班的学员主要是来自西北地区。由于南大位处江苏省,所以每期都照顾江苏。当时我们非常重视这样一个机会,所以也是全力以赴,编写了教材和参考文件(图 2-3),所有教研室的同志(8 个人是主要负责,还有教研室的其他同志一起参加)一起来办这个班。办班时我们也明确了:第一,以总体规划为主,要按照总体规划的各种要求来教学;第二,强调实践,规定一期做两次总体规划项目,以保证我们学生学了基本理论,又能够参与实践,回去以后就可以很快地开展工作。因此半年时间中,我们前半部分学习,后半部分做规划,即每一期学生参加两次学习、两次规划实践。培训班的第一个规划实践就在江苏盐城,当时我们班里就有一个盐城人,是盐城当地派来的,叫江旭。在盐城实践期间,正值周总理逝世,大家十分悲痛,还专门举行了追悼会。第二个规划是由国家建委城市建设局跟山东省建设委员会(后文简称山东省建委)联系,山东省建委指定我们做的烟台城市总体规划。

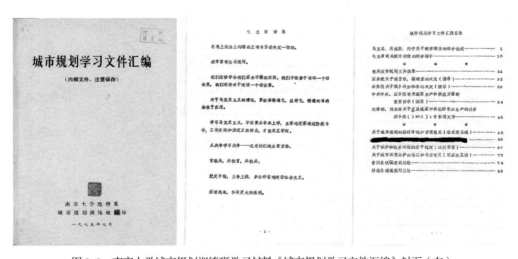

图 2-3 南京大学城市规划训练班学习材料《城市规划学习文件汇编》封面(左)、扉页(中)和目录(右)(1975 年 7 月)
资料来源:刘仁根先生藏书

通过这两期规划实践，学员的规划知识水平有了很大的提高。过去开班的时候，进来的学生基础参差不齐，都是城建口的，但基本上没有一个是规划科班出身的。有的是搞测绘的，像江旭是基础比较好的（参加过规划），大多数人都是城建系统的人员，对规划不了解。最有意思的是陕西省建委派来的一个女同志小周，是一个电话报务员。她来了以后非常紧张，什么都不懂（连看一张地形图都看不懂）。我们就一再鼓励她，不要紧、慢慢学，对她特别进行辅导。

第一期培训班1976年7月份结束，但是为了更好地完成第二期培训班工作，一期和二期培训班之间休息了半年，大家作了很好的总结。然后从1977年1月份开始招生（第二期培训班到1978年1月结束）（图2-4）。第二期培训班也是由国家建委城市建设局发文，招生地区包括新疆、陕西、山东、江苏等。第二次办班的两次实习地是南京的六合县和湖南的岳阳市（岳阳实习由国家建委城市建设局介绍）。这两期培训班办下来以后，国家建委城市建设局明确了南大是国家城市规划人才的培养基地。两期培训班在课程的设置中作了很大改革，把地理和规划有机结合起来。我们过去擅长的是区域的研究，这是我们的强项，地理学对区域特点、自然环境、时代背景等研

图2-4　第二期城市规划培训班1978年结业留影
资料来源：郑弘毅提供

究得很深，为了更好地适应城市规划的需要，后来又加强了关于城市规划方面的一些内容。例如我们的课程中，工业的课程过去是叫"工业布局"，工业布局是经济地理主干课，是区域性、技术性的课程。为了结合规划，更名叫"工业布局与厂址选择"，就是把一个厂摆在什么地方，和城市规划工业用地结合起来，定点和定地（空间）结合起来。还有"交通布局与场站布置"等，都是把区域性内容和城市性内容结合成一门课来讲，这样更加实用。

两期培训班扩大了南大在规划界的影响，这些学生在以后都发挥了相当大的作用。比如，有的担任甘肃省市政院规划负责人，一个学生（宋烈银）作了河南省商丘市规划院的院长，还有一个学生（杜玉果）作了南阳市的副市长，有个学生当了延安市规划局局长。这些学生基本都成了当地的骨干，这也反映出我们学科转型的成果。

在办班的过程中我们一直在思考的一个很重要的问题，就是我们的专业特色能不能在城市规划中发挥作用？而规划项目是一个真正的检验。我们两期培训班所做的两个城市总规（烟台和岳阳）对发扬南大特色和奠定南大在规划界的地位发挥了重要作用。

2.3 规划初试

2.3.1 烟台规划

烟台市总体规划是国家建委城市建设局与山东省联系，由山东省建委委托我们做的规划。当时教研室的副主任张同海老师就是烟台市乳山县人，所以，工作联系也很方便。我后来理解，山东省建委为什么建议我们到烟台去做规划，一方面因为烟台是山东省的重要城市，另一方面，更重要的原因是烟台市规划局对规划非常重视。当时烟台市规划局局长庞象珍是山东即墨人，一个标准的山东大汉，身材魁梧，浓眉大眼，圆圆的脸庞，个子很高，将近一米八。而且他是一个非常认真、坚持规划法规和规划理想的人。烟台编有规划，烟台市在作建设项目安排的时候，有时市政府领导会干预，不按规划安排项目。他就坚持规划意见，如果领导一定要通过，他会保留意见，规划建设也少不了他，连国家建委城市建设局都知道他。

（1）区域分析

烟台市位于山东北部，地处黄海、渤海交汇处，是历史上的军事重镇、开放口岸，也是山东经济发达的城市。所以我们去了以后庞局长非常欢迎，对这项工作非常支持。

烟台是对南大转向规划方向来说一个重要的城市，对我们学科发展和南大声誉有重要影响。因此，我们对这次规划非常重视，对烟台的历史、现状、自然环境和周边区域关系作了认真调研。我们充分运用了地理学重要的区域观点，认为城市的发展不是城市个体的问题，而是区域的问题，城市是依托区域而发展的，需要从区域的角度去研究城市，打破了传统的城市规划就城市论城市的做法，而是从区域论城市，确立了非常重要的区域观点。因此烟台规划，不是就烟台论烟台，而是看到其是山东半岛的烟台，甚至是渤海湾的烟台。所以我们对烟台进行研究的时候是从山东半岛、渤海湾的角度，研究烟台的定位、发展方向和发展重点。烟台和大连是整个渤海湾南北的两个门户，我们专门到了大连去调查大连的发展跟烟台的关系。同时也考虑到了山东烟台与北京、天津的关系。从军事上来看，烟台和大连两个口子实际上是拱卫北京、天津的门户，如果敌人从海上过来，这两个口子守不住京津就有问题了。在这里就引出来一个问题，即烟台的军事价值。烟台的名字，历史上就是源于军事上的要求。它是军事防守上的一个烽火台，战争时，如发现敌人来了就在烽火台上点狼烟报警。在现代，其军事价值在哪？我们就去部队调查。当地军民关系非常好，驻烟台的部队就给我们介绍情况，说当时从国防角度我们国家将沿海城市分成了两类，一类是坚守城市，敌人来了就要打；另一类是退守城市，就是先把敌人放进来，到了里面再包围起来打，"关门打狗"。而烟台就是坚守城市，是非常重要的，如果烟台退守了，北京、天津就会受到威胁。于是规划中将烟台的城市发展和军事的要求、人防的要求全部结合起来。我们当时就和部队一起研究，街道建筑物的摆布和地下出入口不能有矛盾，地道口、掩体口前面不能布置有大体量建筑物，相互配合得很好。规划把烟台区域的问题从政治、经济、军事方面作了统一考虑，对其跟周围的关系作了非常详细的区域分析。它是山东半岛除了青岛以外的第二个重点城市，港口很重要，由此确立了烟台市的定位。

（2）空间布局

我们在做烟台规划时第二个非常强调的问题，是城市空间结构和空间布局。一个城市的发展一定要考虑到怎么样能更好地处理经济的发展与空间的关系。烟台是一个海滨城市，呈带形分布。烟台过去是通商口岸，在烟台山下的老城过去有很多外国领事馆，也是经济很发达的地区。居住区（即老城）全部是在东面。新中国成立后发展的工业被放在烟台山的西面，所以形成了一个"西工东宿"的非常明显的通勤关系。早上全部的车流从东到西，下班以后从西到东，因此出现了很多的交通问题，功能布局与就业、居住之间不匹配。为了解决这个问题，我们对烟台的工业布局作了充分的研究。在烟台的最西面有生产著名的烟台苹果的西沙旺，规划要求工业用地不可以超过西沙旺的苹果林，调整工业，控制其往西面发展。可以往南面走，越过南山继续发展，也可以在东面发展一些其他工业，把工业布局和居住结合起来（现在叫作职住平衡）。而且明确烟台的功能还是应该以港口、电子、轻工业作为主要方向。

（3）道路交通

第三个很重要的问题，是发挥我们专业多种学科知识领域综合的特点，去研究城市道路交通组织的问题。交通问题是城市发展的重要问题，道路是城市各项活动的载体，道路骨架是城市空间框架的基础。它的合理布局直接关系到城市运转的效率和居民生活的便利。为了详细了解道路的现状和道路新建、改建、扩建需求，我们就采用了一些笨办法。

交通规划里面已经有成熟的 OD 调查（起点—终点调查）和交通流测定的方法。在市政府的支持下我们动员了大批的中学生进行交通流观测，作了周末、节假日和平时的两次观测，花两天时间，在主要交叉路口布点测流。但我们觉得这样做还不是很完善，因为这是个点的观察，但是不知道交通流在市内怎么分配。所以在市规划局的支持下，为我们买了 15 辆自行车，根据西工东宿的特点，早上六点，15 辆车、15 个同学集中在居住区最东面的地方。六点半人们开始去上班了，我们的 15 辆车就跟着居民人流走，看到哪一批人到哪个路口转弯了，就让一辆车跟过去。15 辆车跟着人流分散，一直到西面，从而了解交通流的实际分布。同时，召开座谈会，将公交车和出租车的司机找来了解具体路况，包括哪些路最不好走、哪些路最窄要改等。我们从观测点、座谈会和自己测的流动数据三方面了解了整个烟台市目前的交通状况。调查完以后，再根据我们对城市发展的设想、就业（工业、商业区）和居住区空间布局，确定道路系统，包括主干道和次干道、道路断面宽度。这个做完以后我们觉得还不够，从项目实施角度还得算一算道路改扩建的经济效益，比如一条道路怎么样扩建效果最好、代价最小。我们到那些需要扩建的街道去看，第一决定往哪边拆，比如街道要拓宽 20 米，是两边各拓宽 10 米呢，还是一边拓宽 20 米；第二要算算账，拓宽的地方要拆多少房，拆民房是一个概念，拆机关办公楼是一个概念，拆商铺又是一个概念，然后确定改扩建的方案。我们在城市空间布局的调整方面，在城市定位、区域关系方面，在交通系统方面，都做了一些比传统的城市规划更加广泛和深入的工作。所以这样的规划方案，规划局很满意，市里面也非常满意，市民也很满意（规划局专门安排了房子，成立规划指挥部，市民经常打电话来问道路规划、改扩建情况）。后来国家建委城市建设局参加项目评审时，包括夏宗玕和处长他们听完了汇报以后都非常满意，就提出来今后每个城市规划都要加强区域观念、区域分析、综合分析、经济分析。由此形成了中国城市规划改革一个很重要的方向，也可以说是南大为中国城市规划改革作的第一个贡献——确立区域观念，打破了就城市论城市的观念，而是从区域论城市。

2.3.2 岳阳规划

第二个规划是湖南省岳阳市总体规划（图2-5）。岳阳市位于湖南省北部，洞庭湖畔，湘江由此入长江。这里建有岳阳楼（中国沿江四大名楼），是湖南省唯一位于长江边的城市，或者说是湖南省的北方门户，而且当时已经形成了重要的石化基地、纺织工业基地，是一个很重要的工业港口城市。岳阳市区西边是湘江，北为长江，东为京广铁路，城区居于南北狭长的地带，没有发展余地。而城陵矶港口在市区东面，在岳阳与城陵矶中间是城市工业布局很好的区位。因此，城市规划明确城市发展方向是跨过京广铁路，向东发展。我们在岳阳规划中遇到一个很重要的问题，是岳阳火车站的建设。因为岳阳城市在早期发展时（包括长沙等都是一样）一边是湘江、一边是京广铁路，城市在其中间。在我们接手岳阳城市规划以前，由于老车站太小，市里已经决定要改建岳阳火车站，而且是在原地改建扩大，铁路部门已经为车站做了改建方案。我们经过研究认为不妥，认为岳阳火车站不能在原地扩建，要跳出老站重新选址。当时所有的城市和规划部门看到铁路部门都比较"恼火"，惹到"铁老大"不好办，你

图2-5　第二期培训班于岳阳实习留影

不同意我不投资，而且技术性很强，你说不过他，往往比较难办。正好我在北京铁道学院学习过，知道铁路选址的知识，就跟铁道部门讲这方案不行。首先岳阳城市要发展，人口规模要增加，用地要扩大，这是共识；其次，岳阳的发展要往东，这也是共识。既然是这样，如果火车站放在老地址，面向西，城市面向东，与发展方向相背。城市新区、工业区这些新中心区域与老城联系都要跨过京广铁路，城市外来的人口也要穿越铁路，给经济和人民生活带来不便。铁道部门说车站扩建方案都已经设计好了，我们说设计好了也不能影响岳阳的百年大计啊。他们说要改就必须重新选址，我说可以，我们来重新选址。火车站设置的很重要的条件就是一定要找到一段3000米以上的平直的地段（按照停靠的列车到发线长度计算的、没有高差的平地），保证列车的停靠、启动、出行没有阻碍。这是最起码的列车停靠和启动的技术要求，否则会影响运行安全。为了寻找合适的站址，我亲自带了学生从老车站起步，一直沿着铁路线走，先往北，然后往东，最后找到一处开阔地方，而且南面就是湖泊，景观环境也非常好。车站的技术规定、地形条件、地质条件、空间关系要求，新的选址都可以满足，而且将来还可以进一步拓展。我们最后和铁道部门就此新址作了讨论，他们也认为合适。其前面紧邻湖泊景观，而且有比较开阔的用地可以布置很多道路的配套设施和商业等。达成共识的第二个问题是车站规模，关键是应该设计多大候车室面积。按照规范是按车站每天最高的集聚人口来计算候车室面积。最高集聚人口的计算也是一个综合性问题，既涉及车站未来到达、出发的列车班次，车次的间隔时间等铁路运行组织问题，又要考虑旅客的到发量、车站周边商业服务设施配置（旅客的逗留时间）、与附近汽车站等的衔接等。最后的整体方案铁路部门同意了，岳阳市政府也非常高兴，"铁老大"被说服了，最后就采用了我们的方案规划建设新岳阳火车站。后来我专门看了岳阳的地图和材料，现在的岳阳火车站就是按照我们选的车站位置建的，也就是说我们的专业知识在城市总体规划工作中是可以用的。

  这项规划编制后，得到了各方的好评，老师和同学们也非常高兴。岳阳市当时的规划局局长姓林，是一个归国华侨，后来他成为副市长。我们还帮助岳阳对工业区进行了选址，苏群、王本炎两位老师一起对工业区选址布局作了安排。比如，纺织工业区应该放在什么地方，产业之间如何联系。我们的这些老师都是教过工业技术经济课的，所以整个岳阳规划做下来地方政府非常地满意。

  烟台、岳阳这两个规划完成以后，也树立了我们自己的信心，坚定了我们学科的城市规划方向，通过我们办班和规划实践，完成了学科的第一次转型。北大、中山大学、南大，三个学校办班做规划，在国家建委城市建设局和城市规划教育方面确实都发挥了很好的影响，也确立了地理学科走向城市规划一个非常重要的基础和起点。1975年，国家建委城市建设局在石家庄召开的城市规划人才培养的会，我们三校均参加了。后来杭州大学很快跟上，成为地理学科转向城市规划的第四个高校。此后，在国家城市建设总局（以下简称国家城建总局）召开的一些城市规划教育系统和学术会议上，都有我们四个学校的代表。1978年在兰州召开的中国建筑学会城市规划学术委员会会议时，我们四校都有代表参加，并成为学术委员会委员。当时的国家城建总局规划处处长周干峙同志在接待日本城市规划代表团时，就谈到这样的问题。他说道，我们国家在城市规划人才培养方面有两个渠道，一个是传统的以建筑学为主的工科的培养渠道，一个是以地理学为主的理科的培养渠道。地理学科的加入，成为"文化大革命"以后城市规划人才培养的一种新模式。例如，建设部在规划人才培养中明确：城市规划培养要以总体规划为中心，不管哪一种培养的模式，总体规划都是中心。当时全国城市规划培养的模式有三种：一种是以建筑学为基础的工科模式，一种是理科的模式，还有一种是工科的专门化模式（即一、二年级学习建筑学，三、四年级学习城市规划，当时的南京工学院，现东南大学就是这样）。部里明确要求，以总体规划为主，工科的院校要兼顾区域规划，理科的院校要兼顾详细规划，专门化的院校以详细规划为主，兼顾总体规划。这些模式都说明在我国城市规划人才培养体系中，已经正式确立了理科在城市规划中的地位，而且还大致设定了规划机构干部配备的工科与理科4：1的规模比例。

关于城市总体规划，国家城建总局规划处原处长、后曾任住房和城乡建设部城市规划司司长王凡（曾留苏学习）有一个十分明确的提法。他说城市总体规划应包括三个部分：一是发展规划（定位、性质、规模等），二为布局规划（即各种功能用地布局），三为工程规划（即交通、市政工程等），为我们指明了方向。

2.4 正式招生

1977年南大开始正式招收经济地理（城市规划方向）的学生（图2-6、图2-7），当年11月考试，开课是1978年2月，正好第二期培训班1月结束，2月份就开始正式专业课程。1977年南大和中山大学同时开始招生，北大是1978年开始招生的。

正式招生和办班不一样，办班只有一年，正式招生学习有4年。课程如何设置？当时没有教材，到底怎么办，我们心里面还是没底的，所以我就到了同济大学求教。实际上，在办班的时候我就到过同济大学，大概是在1975年。那时同济大学也没有正式恢复教学，老师也不多。但是同济大学非常好，给了我们无私帮助。所以我一再讲，

图 2-6 规划专业 77 级本科毕业生合影
资料来源：郑弘毅提供

图 2-7 规划专业 77 级校友回校合影

南大城市规划专业的发展绝对不能忘记同济大学的支持。当时接待我的一位是陶松龄教授，一位是搞交通的宗林教授，还有一位姓王的政工干部。他们详细地介绍了同济大学城市规划专业的课程设置，学生如何培养。陶老师还专门到我们培训班授课，讲城市空间结构。我和同济大学老一辈的教师都非常熟悉，就因为这个原因形成了我们和同济大学之间非常紧密的关系。我们根据同济大学的经验和我们的特点制定了新的教学计划，还是强调理论与实践相结合的原则。这是南大地理的传统，也是规划的传统。课程设置也是一样，除了城市规划课程体系之外，我们还把区域和城市的课程紧密结合在一起，这是我们课程很重要的特点之一。第二个特点就是我们非常强调实践，四年大学课程要做两个规划，一个是城市规划，一个是区域规划。第三，我们不熟悉的课程都是外请老师。当时我们学校基建处有很多人才，有一个叫蒋聪侨的女老师是清华毕业搞暖通的，还有好几个老师是搞建筑的，这些技术性课程请他们来上，包括建筑设计、建筑制图等；另外还邀请地理系的老师，比如请包浩生老师教城市用地评定，搞水利水文的朱静玉老师来教授给排水工程；还请了南京市规划院的任永明老总来教道路交通规划。充分调动各方面的力量，按照城市规划人才培养的要求全面进行教学。因为没有课本，我们自己教的课程则编讲义《区域规划基础》《城市总体规划原理》。当时国家为了城市规划的恢复，也开始编统一的教材。我们参加了他们关于教材的讨论，如《城市规划原理》（同济大学编）、《区域规划》（重庆建筑工程学院编）、《道路交通规划》（武汉城建学院编），但是教学时不完全采用他们的教材。而像城市总体规划、区域规划课用的是在参照他们基础上据我们自己实践编的教材（图2-8）。

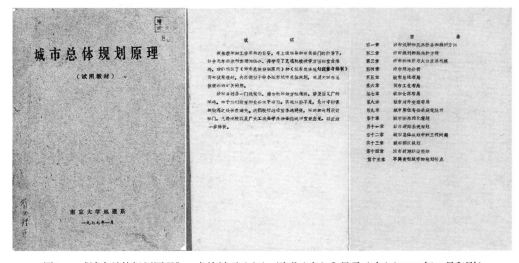

图 2-8 《城市总体规划原理》一书的封面（左）、说明（中）和目录（右）（1977年1月印刷）
资料来源：李浩收藏

我们在课程设置上作了重要的调整，同时开始参加各种规划实践，增加我们教师对很多不熟悉的规划的了解和学习，如对于详细规划我们还作了第一次实践。当时匡亚明校长有一个扩大南大鼓楼校区的方案，其中一条思路就是将广州路的南面（干河沿一带）纳入南大校园（南大校区在广州路北）。我们就接了这样一个详细规划项目，以傅文伟老师为主体，8 位老师都参加了，详详细细调查了每一栋建筑的使用情况、所属单位、建筑质量、产权等，也做了模型和图（图 2-9）。后来这个项目由于涉及购置土地和拆迁等费用问题而最终放弃了，很可惜。

我们一方面既按照规划专业要求，又发挥我们的专长，另一方面既坚持我们办学的理论与实践相结合的原则，又充分地吸取了校外的力量，并注重自己的实践提高。这样我们就把这个专业正式办了下来，完成了一个从经济地理转向城市规划的过程。

在专业招生中还出现了兄弟姐妹前后进入专业的有趣的事。由于城市规划是一个颇引人关注的方向，所以在 77 级招收弟弟周庆生后，他又推荐了哥哥周宁生在 1978 年考了规划专业（周庆生现在澳大利亚，周宁生现在美国）。同样，姐姐赵东荣（1977 年考入）、弟弟王维锋（1978 年考入，现在美国）也先后进入规划专业（图 2-10）。

图 2-9　规划教研组讨论广州路干河沿一带详细规划方案
资料来源：郑弘毅提供

图 2-10　与 77 级周庆生（弟）和 78 级周宁生（兄）兄弟俩合影（摄于 2017 年）

2.4.1　湖南实习

（1）津市试点

77 级学生的第一次城市规划实习，是我们专业转向后一次全面的实习，对于如何将地理和规划有机结合是一个重要的检验。通过和湖南省建设委员会白明华处长（后曾任建委主任，再其后曾调任武汉城建学院院长）的联系，安排我们分两队（一队 15 个学生），分别承担湖南省石门县和澧县两县城的总体规划。我负责澧县。在分队以前，我们先共同进行了津市的研究，作为统一规划区域分析要求的试点。

津市是 1979 年新恢复建制的小城市，位于湖南省北部、澧水下游尾闾（图 2-11），是澧水流域的出口、主要经济中心和物资集散地。"澧水"经津市、下洞庭、溯湘江、出长江，与对岸湖北的沙市齐名。我们充分运用了区域观点和综合分析的方法，对津

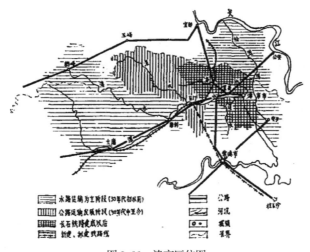

图 2-11　津市区位图
资料来源：《湖南省津市城市发展的区域经济依据》文中插图

图 2-12 津市城市发展研究的文章刊载在《经济地理》杂志
资料来源：《经济地理》杂志，1981

市的地位、区位关系、发展优势、经济特征、未来方向、发展规模都作了详细的分析研究。特别是与常德地区（当时津市为常德地区仅有的两个建制市之一）关系，把津市、澧县与常德市联系在一起，为澧县的规划提供了全面的区域基础和区域研究城际关系的实例，使学生得到很大启发和收获。我还为此撰写了一篇文章《湖南省津市城市发展的区域经济依据》，发表在1981年的《经济地理》杂志上（图2-12）。

（2）人口调查

澧县是湖南四水（湘、资、沅、澧）中澧水流域的重要城市。澧县规划锻炼了同学们实际工作的能力。调查中一件事显示了77级同学的专业精神和工作能力。据规划要求，分配王维洛同学（现在德国多特蒙德大学）负责人口调查。他到县统计局计生委去调研，对方以人口资料保密为由，予以拒绝。他并不因此而放弃完成这个任务，而是依据粮食是按人口定量供应的这个思路转向到粮食局调查，根据每年粮食供应量，除去外调量、工业用量和饲料量外，按人口定量，估算出大致的现状人口数。他的做法得到了大家的肯定和表扬。

2.4.2 教学探索

1977年南大正式招收城市规划方向学生后，教学计划作了必要的调整。每个教师的教学任务也重新作了安排。

我原先是承担总体规划（和张同海共同负责）、对外交通（铁、公、水、空）和道路规划的教学。正式招生后，教学安排有所调整。我仍与张同海共同担任总体规划和对外交通（除水运、港口部分交予郑弘毅外），道路规划邀请外单位专家（南京市规划院任永明总工）讲授。同时和宋家泰、张同海一起探索理科特色做法，建立南大自己的规划体系，并出版《城市总体规划》一书（商务印书馆，1985年），后有详述。我1986年从美国归来后，在1989年正式开设了"城市地理"课程（在过去"城市地理专题研究"基础上）之余，利用在美国时收集的资料，和学者交流，参考了其他已出版（国内外）的城市地理书籍，重新拟订了教学大纲，编制讲义（后正式出版），使南大成为国内地理界开设城市地理课最早的单位之一。

1983年起，我开始招收硕士研究生。第一个是79级的丁金宏，1983年考取了硕士生，他的主要方向是国土规划。遗憾的是，两年后，由于我去美国访问，不能继续指导，相关工作请宋家泰老师代管，同时请国家计划委员会（后文简称国家计委）国土局的方磊副局长（1956年华东水利学院，即现河海大学毕业生）协助指导。方磊局长非常支持，让丁金宏到北京在他身边学习（实际另外还做些学术秘书工作），使丁金宏对全国国土规划工作有了全面的了解和业务上的提高。他的硕士论文《国土规划指标体系初探》也相当出色。后来他去华东师范大学，师从胡焕庸教授，成为人口地理专家。

在硕士生培养工作中，我受到清华大学李康教授（留苏生，后曾去中国环境科学院任院长）的很大启发。他说，指导研究生，重要的是要他们了解学科发展的历史、演变，要读典型文献，打下坚实的基础。我就根据他的建议，开设"名著选读"这门硕士生课，利用我访美带回和国际友人赠送的书籍，选取重要的，让每一个学生选读一本，写出读后感（全书或一部分）作为考核成绩，取得了很好的效果。同样，我强调学生必须参加实践（规划项目或基金研究课题），鼓励发表文章（硕士生李世超、杜国庆最早发表了城市带相关文章）。

2.4.3 电视讲学

这阶段在教学工作中还出现了一个具有全国性影响的事，即"中国经济地理"的电视教学（图2-13）。1980年代初，教育部找到南大，要求在中央人民广播电台，由南大教师主讲，统一为电大各函授班进行"中国经济地理"教学，由我、王本炎、林炳耀讲课，并由宋家泰先生任主编，我为副主编，负责编写教材，出版了《中国经济地理》教材（第一版就印刷了50万册），还出版了《中国经济地理广播讲稿》（图2-14）。因为全国电大函授生大多没有上过这门课（就是上过的也早已忘了），因此要求举办辅导班，由此带动了全国地理教学单位的热度。南大由于是主讲单位，又是考试出题单位，因此辅导任务特别重、特别忙。再加之编写教材，可以说我们的

图 2-13　中央电大"中国经济地理"师资培训班合影留念

工作是夜以继日。而通过广播讲课，我们也学到了不少广播知识，包括语音、速度、字数，也是其中收获吧。

2.4.4　推荐留学

从自己对知识积累的认识和访美的体会来说，我认为年轻人（包括中年教师）能出国学习是很有必要的。不仅能学到、了解到国外科技发展的动向和先进的理论方法，也从国外的学习方法、研究方法中得到启迪。因此，凡是青年教师（包括大学毕业生、研究生）愿意出国学习，并取得全额奖学金，至少是免学费的、受资助的，我都愿意推荐（当时，很少也很难有自费留学的渠道，因此国外招收研究生主要根据大学成绩和教授推荐）。因此，在当时的出国潮中，我从 1980 年代中期起，利用我在国外的影响力，推荐一大批青年教师、学者出国，尤其是留校的青年教师（仅 77 级就有 6 人之多，其中包括本校留校的 5 人和中山大学分配来校的 1 人）。当时，还受到学校的表扬，认为我们有眼光，勇于挑起重担，让青年教师先出去，回来接好班（但后来他们均未回国，使师资队伍出现断层现象，我也因此受到了批评）。我还推荐了外单位的自己熟悉和了解的学生和年轻人出国学习，包括南京地理所王德（赴日本留学，现

图 2-14 《中国经济地理广播讲稿》

在同济大学）、北京地理所胡东升（赴法国留学，现在国家开发银行）、南京地理所魏也华（现在美国）。我推荐出国，还是有一定标准和原则的，一是我了解和通过他人了解他们的思想品德和学业；二是我一一审查推荐信的内容，凡是过分吹嘘、不实的，予以更正，或拒绝。我估计，我推荐出国的至少就有几十个，推荐国家包括美、英、法、德、日、澳等。但其中也出现了一些问题。一是有的学生在推荐信上曾冒充我的签名，后接收单位来函确认（一般有这个程序）发现此事，批评了学生；二是我推荐一位在北京地理所工作的学生出国，因不知道他是单位安排出国进修，要读研究生须先辞职才行，我却推荐使他直接读研了。后来，北京地理所向我校反映此事，并希望不要干预已毕业学生的事，我因而受到学校的批评。

第 3 章 全面复苏与拓展：从城市规划到区域规划

3.1 城市总体规划

总体规划是城市规划体系的核心，也是我们重点关注和从事的主要类型。在正式招生后，早期几个年级的学生实践都是总体规划，如 77 级在 1980 年代早期做的湖南澧县（我负责）、石门县规划，78 级在湖北做的宜昌县城（现宜昌市区）、当阳县城（现当阳市区）总规（我负责），嗣后是宜都、长阳等的规划（我负责）。这些中小城市（县城）规划均是按照教学实践的要求，也是南大在这阶段的重点——以搞好教学为主（图 3-1），同时结合当时小城镇兴起的热潮，也承担了部分小城镇规划。这个阶段南大城市总体规划的工作很重要的成果是编写和出版了《城市总体规划》（1985 年，商务印书馆）。

自学科转向城市规划以来，城市总体规划是我们从事教学和实践的重点，但是当时国内缺乏城市规划的书籍，已出版的教材是同济大学编的《城市规划原理》，作为工科城市规划专业的通用教材，内容相当丰富，尤其是适合城市规划工作开展的需要。

图 3-1　1980 年代工作照

但因为其主要是按照城市规划编制的过程来编写的,从理科背景的城市规划来说,在理论和分析上似有不足,远不能满足教学的需要。因此,我们就想编写一本具有理科特色的规划教材。1983 年,以宋家泰先生为主,我和张同海(1964 年毕业生,留校任教)参加,开始编写以城市总体规划为对象,综述城市总体规划原理和方法的教材。我们总结了这些年来在江苏、山东、湖南、湖北等省从事的近 20 个中小城市(镇)的规划实践,以国内相关单位规划工作为基础,吸取了过去及当前有关城市和规划方面的研究成果(包括 1979 年我们在烟台城市总体规划工作基础上撰写的《城市总体布局研究》——获江苏省科委奖励),以及我们的专业素养和积累,按教材要求结合专著特点编写了《城市总体规划》一书(图 3–2)。

该书主要是按照城市规划的任务要求和固有的内容,侧重从地理科学(主要是经济地理学)的角度加以铺陈论述的。讲究逻辑性、系统性,阐明城市产生、形成、发展的规律,城市规划发展简史(包括理论),规划基本内容要求,以及影响和制约城市建设发展的条件(自然、历史)和基础(区域经济基础);在此基础上,论述城市性质、规模、空间布局;再论及各种不同类型城市总体规划特点和近期规划;最后全面介绍城市规划编制工作方法(包括图件编制、说明书编写)。

该书的特点是:①重视对城市发展的自然和历史条件的分析。在自然条件分析中,不仅论及各自然要素(地质、地貌、气候、水文),同时进行城市用地评定和城市环境质量评价。对城市历史的研究分析一直是南大规划的重点,更是宋先生的特长。

图 3-2 《城市总体规划》
注:宋家泰、崔功豪、张同海编著,商务印书馆出版,1985 年

宋先生每到一个城市，首先要查市志、县志和各种历史资料。城市是历史发展的印记，城市是有记忆的。因此，历史调查和分析一直是规划开始后首要的内容。②突出城市发展的区域基础，特别是区域的经济基础，划分城市—区域类型，宋先生还提出了著名的城市—区域理论。③深入对城市性质和发展规模的研究分析，强调依据、分类。充分运用"城市合理规模研究"成果，进行规模检验，纳入包括吴友仁先生创立的"劳动比例法"等各种推算规模的方法。④按大城市、县城、工业城市、交通枢纽、风景游览五类城市分别论述其城市总体规划的特点。⑤突出规划实践性和操作性，十分强调调查研究分析。规划中一些主要内容均包含基本方法，如自然条件、城市历史、区域经济基础、人口和用地现状、城市性质确定、城市规模推算等，既有定性分析也有定量计算，从而使规划工作有了坚实的基础。该书是地理学介入城市规划领域的第一本城市规划著作，不仅满足了教学的需要，也为城市规划实践提供了良好的指引。

3.2 城镇体系规划

从开始办班到正式专业招生，南大规划学科已经进入到一个很正规的学科转型的阶段。但学科的发展不仅仅是办学，教育的发展一定是和一个学科的发展密切结合在一起的。因此，规划领域的拓展就成为我们未来发展的一个非常重要的方向。在我们正常办班的过程中，城乡建设环境保护部也完全意识到了对于城市规划改革的需求，需要从过去单纯的作为计划经济时期国民经济具体化落实这样一个被动的局面，走向城市规划作为城市发展重要的总体安排和总体部署的主动的局面。这就是当时万里部长讲到的：城市总体规划是城市（地上、地下）各项设施的总体部署。同时，我们知道不能就城市论城市，要从区域论城市。一个区域里面有很多城市，你这个城市和区域里其他城市的发展是什么关系？区域的资源不是都给你这一个城市，或者说区域不是要由你这一个城市带动发展，区域中的城镇实际是组成一个体系的。城镇体系是城市地理学的一个重要的组成部分，是我们地理学科研究的主要问题。由于大学地理系的介入，特别是后来中国科学院地理研究所开始介入城市规划，也对我国城市规划的发展转型起了很大作用。唐山地震后要进行重建规划，地理研究所的胡序威先生作为负责人全面参与此规划，就将地理学的一套东西全面应用到城市规划中。所以后来胡序威先生一直作为城市规划领域的地理界代表参加了城市规划的各种活动，后曾任中国城市规划学会副理事长。城乡建设环境保护部也认识到城镇体系的重要性，在 1980 年代初期就提出要研究城镇体系。当时城乡建设环境保护部与地理界都有课题要研究城镇体系。我们研究的城镇体系课题是由胡序威先生和华东师范大学的严重敏教授负责的。严重敏教授是老一辈中国城市地理的创始人（毕业于中央大学，曾留学瑞士），她早在"文化大革命"以前就翻译了克里斯塔勒关于中心地理论的著作。我 1950 年代在做湘江流域规划的过程中，就研究过长沙—湘潭—株洲的关系，并将规划定名为湘东地区（长沙—株洲—湘潭）城镇体系。南大对城镇体系早有认识，在 1982 年宋家泰先生招收的第一批硕士生的毕业论文中就有两篇是关于城镇体系的：合肥城镇体系——万利国（后任山东省建设厅副厅长）、宜昌城镇体系——周庆生（后去澳大利亚）。我们之后进行的宜昌市域国土规划也包括城镇体系的内容。我们都认识到城市一定是处于城镇体系中的，也就是说，第一个层次要从区域看城市，第二个层次要从体系看城市，而且通过宜昌市域国土规划（本书后面会谈到）实践总结了城镇体系"三结构"的基本格局。城镇体系组织主要是由三个结构组成。第一个是等级与规模结构，即城镇体系中的等级序列和人口规模序列，也就是哪些是中心城市，哪些是副中心城市，哪些是次要城市，有主次的区别和人口规模上的不同。第二个是职能组合结构，城镇体系之所以能够成为一个体系，就是因为存在各城市功能的分工，比如行政综合性的、以工业为主的，再有是以交通为主要功能的。城镇体系的各个城市以其自身主要功能，构成了区域的全面系统的功能体系，从而支撑起整个区域的发展。第三个结构是空间分布的结构，城市分布在区域空间内，并形成不同的形态（点、轴带、圈层），空间上的协调才能够形成一个完整的城镇体系。这"三个结构"结合后来顾朝林提出的"一网络"（基础设施网络）构成"三结构一网络"，被城市规划界和建设部接受，成为建设部发布的《城镇体系规划编制办法》的主要内容。

这一阶段中，南大承担了山东烟台地区城镇体系规划、晋东南城镇体系规划和湖南、江苏一些城市、地区的城镇体系规划以及结合国土规划进行的城镇体系规划。

3.3 国土规划 1.0

"文化大革命"以后，整个国家百废待兴，需要有一个整体的规划。而我国从 1949 年以来就没有一个全国性的关于空间安排的计划。为此，中央十分重视国土规划工作。1981 年 4 月中共中央书记处发布《关于搞好我国国土整治工作的决定》，要求"把我们的国土整治好好管起来"。国家计委专门成立国土局，领导全国的国土规划工作。第一任局长叫徐青,是一个非常好的领导同志,负责领导开展国土规划工作。国土规划实际上就是一种区域空间规划,这是地理学的重要应用领域,也是南大的强项。当时国土局选择了4个地方试点,涵盖4个不同的类型:一是宜昌地域国土规划,是以(水电、旅游、矿产等)资源开发为主体的规划;二是河南焦作豫西地区规划,是以(煤炭等)工业资源发展为主体的工业发展规划;三是吉林松花湖规划,是以农业水利为主体的规划;四是新疆巴音郭楞蒙古自治州少数民族地区的规划。

宜昌的国土规划是宋家泰先生挂帅(图3-3),我具体负责。这个规划就成为我们南大进入国土规划领域一个重要的标志,产生了重大的影响。当时参加的人员主要是我们系城市规划专业的老师,宋先生、我、王本炎、沈洁文是四个主要的老师,后来包括顾朝林在内的一些学生都参加了(图3-4)。

当时的国土规划有几个方面内容是重点:一个是资源开发,以资源开发作为首要的内容,包括查清资源和研究资源如何开发;二是生产力布局,即资源开发以后往哪里摆布;三是人口和城镇,实际上就是城镇体系;四是生态环境保护。我们在编制规划的过程中,包含了区域开发和城镇发展的主要内容。城镇体系本身就是一个区域性的问题。宜昌的国土规划定名为"宜昌地域",就是为了打破宜昌地区的行政边界(包括恩施土家族苗族自治州清江流域下游的宜都县、长阳县等),研究包括相邻、相关区域。

图3-3 宋家泰先生带领我们考察宜昌
注:右一为崔功豪,右二为宋家泰

图 3-4 宜昌项目组合影
注：左起依次为沈洁文、傅文伟、地方干部、崔功豪、王本炎、张焕林、地方干部

宜昌地域国土规划从 1983 年开始做起，到 1985 年完成，后来因为我 1985 年 5 月到美国去了，所以最后的验收鉴定会放在了 1986 年。宜昌地域国土规划工作中，南大的规划技术水平得到了国家计委的重视。1986 年由国家计委召集全国各省计委一起到宜昌参加验收会，检验评价规划成果，当时的评价是"全国最好的国

土规划"。我们对整个宜昌地区资源的调查非常细。当时宜昌地区计委主任叫张焕林，是一位参加过革命战争的老同志，脚在战争时期受过伤，有一些跛，带着一位女性工作人员黄荷珍（江阴人），派了一辆车跟着我们跑遍了每一个县、每一个主要的矿点，包括和宜昌相关的鄂西地区都跑到了，跑得非常细，他的精神很让我们佩服。

国土规划主要是为了开发和发展经济，特别是工业。这就需要合适的空间，所以我们做了一个很重要的工作，就是工业用地的选择，将 1 平方公里以上的完整的工业用地都在图上标了出来，而且说明这个地方的开发条件，包括适于开发什么、发展哪一类的产业、开发要具备什么条件，完成了整个宜昌地域的工业用地适宜性评价工作。所有的四个试点中，只有我们做了这一项工作，大家都非常满意。这项工作主要是由擅长工业的王本炎老师负责的。我们的资源评价也做得非常细，如磷矿资源评价。我们跑遍宜昌地区所有的磷矿资源点，并将宜昌的磷矿、贵州的磷矿和云南的磷矿进行比较，分析宜昌资源的优点，提出开发建议。又如，由于武钢需要铁矿资源，但附近资源不够，需要从澳大利亚进口，而宜昌附近有长阳铁矿。因此，在调研铁矿的存储量和开发条件后，规划研究在宜都建武钢分厂。但是我们发现铁矿含磷太高，就专门研究了国外磷铁矿怎么样去磷（法国经验），以满足其作为武钢铁矿石基地的要求。同时，因为长阳铁矿位于清江，清江入长江口处是宜都县城，宜都经济条件很好并且地势平坦，所以我们建议：可以在宜都建厂，和武钢进行配套。在宜都的东面，正好有焦柳铁路的站点，位于长江边的枝城镇，这样水运、铁路都有了，我们为此对资源的开发和布局都作了充分的安排。

城镇体系方面，我们打破宜昌地区的行政界限，提出以长江南北两宜（宜昌、宜都）为中心，而宜都作为新开发的一个工业城市，成为重要的重心。这些结论都给了与会者很深的印象。所以我们的规划当时得到极高的评价。这一次规划打下了我们开展国土规划的坚实基础，同时也使我们对城镇体系有了新的认识。城镇体系的构建要打破行政界线，即城市和周边城镇的发展关系是超越行政界线的，这样才能共同形成"三大结构"。此外，还有一个创新，就是当时国家对国土规划的要求是只做到地级市，每个省和每个地级市都要做国土规划，而我们在宜昌却做到每个县都有国土规划，以使规划更加落实，这也为与会者所支持。

1984 年在我们完成了宜昌地域国土规划时，国家正筹建三峡省，由湖北宜昌地区、四川涪陵地区和万县地区组成，省会设在宜昌（图 3-5）。调时任水利部李副部长任省长，四川省计划委员会主任田纪云（后曾任国务院副总理）任副省长。国家

图 3-5　在湖北长江流域考察

委托我们做三峡省国土规划。由王本炎（万县）、沈洁文（涪陵）负责两个区规划，然后和宜昌规划综合，以完成规划的基本工作。后因三峡省动议撤销，三峡省规划作罢。国土规划做完以后就形成了三本成果，为涉及省、市今后发展起到重要基础指导作用，包括《国土资源》《国土规划》和一本资料集。从此，国土规划就成为南大规划的强项和具有专长的规划项目类型、地理系的重要规划类型。当时，南大经济地理（城市规划方向）和自然资源两个专业都从事这项工作。尤其是自然资源专业（自然地理教研室）更以国土规划为主要实践方向，全力投入工作，这样就形成两股力量。规划地点遍及广西、福建和长江下游各省，如广西沿海地区规划、福建沙溪河流域规划、江苏淮阴市国土规划等。还接受国土局委托举办了干部培训班，对国家计委的工作具有较大影响。嗣后国家计委组织全国专家编制完成了全国国土规划纲要，但遗憾的是成果没有形成中央批复文件，1987年以后国土规划就停止了。但是城镇体系这项工作很重要，城乡建设环境保护部认为城市规划不能脱离城镇体系规划，应全面推行城镇体系规划，使其上升为一个独立的规划类型，成为城市规划体系的一部分。这在国际经验上是没有的，国际上城镇体系规划是在区域规划、国土规划里面的，不单设一个立项。当时规划司司长陈晓丽就认为，我国因为没有国土规划也没有区域规划，城镇体系规划就代替了区域规划的功能。所以城镇体系规划的内容除了本身城镇应该有的内容外，也包括了区域方面的内容。城镇体系规划也成为南大规划一个重要的品牌。

3.4 规划研究

我一直认为规划是研究的产物，研究提高了规划的科学性，没有研究的规划不能真正成为一个科学的规划。规划研究也是地理和规划两大学科的结合点。城市规划不是工匠式的建筑物的平面布置，而是对城市发展各要素进行综合研究下在空间上的落实。规划要言之成理、论者有据，规划才有科学性，因此必须进行研究。城市规划研究应当包括两大部分，一是对城市的研究，一是对城市空间的研究。前者是城市地理的主要研究对象，后者是城市地理和城市规划共同的重点。

3.4.1 城市化研究

经济地理作为理科专业，历来重视科学研究。南大在明确城市规划方向以后，开展了对城市的系统研究。首先是对城市化的研究。吴友仁老师1979年在《城市规划》（内部版，第5期）上发表了国内第一篇关于城市化的公开发表的文章《关于我国社会主义城市化问题》，揭开了全国城市化研究的大幕。文章发表后，在全国产生了很大的影响，也引起学术界的争论。政治理论界、经济界等认为城市化是资本主义的产物，是城市剥削农村的结果。而地理界和规划界认为其是社会发展的必由之路。这种争论公开见之报端（《光明日报》），为时达2~3年之久。城市化一词，直到1985年在赵紫阳总理的人大政府工作报告中才正式出现。

规划界对此非常敏感和重视。中国城市规划学术委员会1982年在南京专门召开了城市化的学术讨论会，支持开展城市化学术研究，南京工学院（现东南大学）齐康教授和城乡建设环境保护部规划处夏宗玕还联合在《城市规划》杂志上发表了文章《发达地区城市化》。南大作为城市化研究的初始单位，更是十分重视，城市化研究成为南大传统的研究领域。相关工作包括积极参加学会的学术会议，组织77级学生集体翻译《国际城市化》专刊，在国外期刊发表关于中国城市人口的文章，组织城市化的国际会议。吴友仁先生还承担了国家科委《城市建设蓝皮书》中"城市化"一节的撰写。1990年代后又开展中美联合乡村城市化研究的国际合作，21世纪以来陆续开展了省级层面的城镇化规划、互联网时代以电商为特点的乡村城市化研究等工作（见《南大城镇化研究40年》专文）。

第二个重要研究是以吴友仁先生为首的团队接受的城乡建设环境保护部关于城镇合理规模的研究。城市规模，特别是城市人口规模，是城市规划的核心问题，有着基础性的作用。城市规划的具体体现是合理分配城市空间（土地），而土地规模的大小按照"人地对应"的原则取决于人口,"一万人口一平方公里"的指标成为所有规划的经典依据。因此,预测人口规模成为城市规划中一项重要的技术性内容,并提出了各种预测方法,包括沿用苏联的劳动平衡法、趋势法、联合国法等,也受到各级政府的重视。但一些规划人员也常常思考,一个城市是不是存在一个合理规模?一个现代城市满足人们就业和基本生活需求的人口规模应该多大?这是一个具有挑战性和高难度的课题。在国家城建总局的重视和领导下,"研究城镇合理规模"被列入1978~1985年全国科学技术发展规划中的一个研究课题,并委托南大开展此项研究。吴友仁先生负责此项工作,吴先生组织规模庞大的包括规划管理部门、规划设计机构、高校规划专业共37个单位的主要规划力量共同组成的研究队伍。按照城市性质,即工业城市(钢铁工业城市、石油工业城市)、行政中心(省会和地区中心)、交通枢纽(侧重铁路枢纽)四类共24个城镇(工业区)进行详细调研。同时,搜集查阅国外(西方发达国家、日本、苏联等关于"规模"的研究数据和成果)文献,了解和总结了国际上对城市合理规模的观点、意见和实例。我由此撰写了《新城合理规模》一文,供研究参考。该研究从1979年10月起前后经历近4年,1983年完成总报告和四类城镇的分报告,1984年由城乡建设环境保护部组织鉴定,认为"有实践价值""建议以《研究城镇合理规模的理论与方法》名称,在国内公开发行"(南京大学出版社于1986年出版此书,图3-6)。当然,城镇

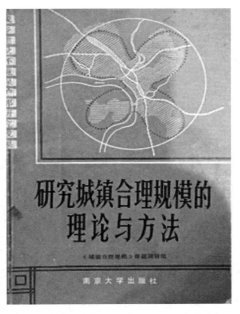

图3-6 《研究城镇合理规模的理论与方法》
注:南京大学出版社出版,1986年

合理规模随着科技发展、社会进步和城市发展阶段的变化，是一个动态的、难以确切定量表述的问题，但其思考的基本理论观点和方法还是具有启示和应用价值的。

3.4.2 城市空间结构研究

第三个重要研究是对城市空间结构的研究。城市空间结构是城市规划和城市地理的核心内容。我们首先把城市空间结构划分为城市内部结构、城市外部形态和边缘区结构，以及城市外部结构（城镇体系）三部分（我在《城市地理学》一书中提到）。

南大重视城市空间问题，是国内开展城市空间结构较早的单位，1980年代早期就组织了经济地理专业从事规划的师生运用地域空间理论共同开展此项研究。宋家泰先生除安排硕士生进行城镇体系的论文撰写外，还组织了第一批博士生以博士论文的形式集中开展城市空间的研究，如武进的《中国城市形态》、顾朝林的《中国城镇体系》、胡俊的《中国城市：模式与演进》。这几部博士论文相继出版，在当时规划界形成了一定的影响（图3-7）。

南大也是最早开展城市边缘区研究的单位，其中顾朝林等最早发表、编译、介绍了国外城市边缘区的文章，邹怡老师申请了"边缘区研究"的教育部博士生基金项目，我和武进撰写了关于我国大城市边缘区的文章。

嗣后，南大又开展了城市带（megalopolis）研究。1988年，我申请到国内第一个研究城市带的基金"长江中下游宜昌—南京段产业—城市带地理条件研究"，参照戈特曼（Gottmann）关于美国东海岸城市带的论文，第一次从城市带角度，依据研究地段的现状、发展条件、制约与问题，提出未来城市带的趋势。硕士生李世超也由此发表了国内第一篇研究城市带的文章。

图3-7 南大第一批空间结构研究的博士论文相继出版

这些研究成果在国内地理学界和规划界引起很大反响，也奠定了南大在城市空间结构研究领域的地位。同样，城市空间结构的研究也成为南大城市研究的重要特色和持续研究的内容，包括城镇群研究、城市社会空间研究、新城市空间研究等（后文还会详细讲述）。

此外，吴友仁先生还和南京工学院（今东南大学）吴明伟先生一起参加"城市建设用地分类和指标"的研究，为规划作出了贡献。

第 4 章 国际交流活动

1980年代是我开展国际学术交流的起始时期,也是十分重要的阶段。

我一直认为,一个事业的发展、一个人学术上的成长,必须走向世界,和世界融合,进行广泛的交流。我也一直认为,科学没有国界,只有通过广泛的国际学术交流活动,才能够提高学科的水平、研究的水平、实践的水平。我们提倡"洋为中用",那么首先就要了解"洋",了解"洋"是什么,了解"洋"有哪些东西可以用,然后我们才能"中用"。中国的城市规划在1949年后受苏联的影响,以苏联城市规划模式为范本,"文化大革命"以后对外开放,主要学习欧美城市规划经验。关于接触外国学者、开展国际交流的活动,我最早开始于1956—1958年在北京铁道学院进修时期,当时听苏联专家季米特利耶夫讲运输经济学,这是我第一次接触外国的专家。然后在1958—1959年,我参加中国科学院青海、甘肃综合考察队的时候和三位苏联专家分别打了交道,一位是波克先谢夫斯基,一位是彼得洛夫,还有一位是普劳勃斯特。他们三位分别是金属矿的专家、非金属矿的专家和工业布局的专家。

4.1 初识国外学者

在"文化大革命"期间,我第一次接触到西方的学者,就是在尼克松访华以后,中美关系开始松动,这时有一个美国的地理学家代表团来中国访问。这个团是由美国阿克伦大学华裔地理学家马润潮先生具体组织的,由阿克伦大学地理系研究城市的一批学者和美国国内其他的学者组成的一个代表团。他们在访问中国期间,到了南京与我们地理系进行了第一次的座谈。这就是在改革开放前和国外学者的一次交流,座谈给我留下了一些印象。在"文化大革命"结束前我第一次接触的学者,是受英中文化协会的推荐,来到南大担任外教进行英文教学的理查德·柯尔比(Rachird Kirkby)先生(关于他的内容我将另作重点专项介绍)。之后,1980年代初我又接触到了一位美国城市规划和设计的学者凯文·林奇，他是美国著名的城市规划和设计学家，著有一本非常著名的书《城市意象》（The Image of the City），畅销于美国整个城市研究界与规划界。当时，他有一个女儿在南大的历史系学习。他是美国规划师学会代表团的团长，在访问南京后，代表团继续去西安考察的时候他就不去了，因为他曾经到过西安，他就留在南京和他女儿会晤。那个时候他就提出来要了解中国的城市规划的情况。由于我们那个时候已经从经济地理转向了城市规划，所以学校就推荐了我们和凯文·林奇先生见面。当时，我印象特别深的是，凯文·林奇教授说：城市规划不仅仅是以工科建筑学为主，它应该是综合性的，城市发展中的很多问题都涉及经济和社会的问题。因此他就告诉我们说，他之所以到波士顿麻省理工学院、哈佛大学任教，就是因为那边既有工科的城市规划（重点在于设计），也有研究城市问题的专业和科系。他这个话给了我们很大的启发，也就说明我们地理系转向城市规划是符合国际城市规划发展方向的。我们相谈甚欢，他还送给我他写的《城市意象》这本书。

改革开放以后，在国家城建总局规划处和夏宗玕同志等的关心和支持下，我参与了很多和国外规划同行交流的活动。记得第一次是在1980年代初期，我们接待英国规划师，由陈占祥老总当翻译（陈教授留英多年，因为是宁波人，家乡口音重，人们说他英语比母语好。当时他刚从"文化大革命"被限制后复出，还没有具体安排职务），使我初步了解了英国的一些规划。第二次是接待英国伦敦大学城市发展部（Development Planning Unite，DPU）的一组专家，由城乡建设环境保护部邀请的英国专家代表团来中国讲学，共分北京、南京、广州三场，南京这场就由我负责接待。城市发展部共6位专家，讲授了城乡发展（包括城市环境）和城市规划各个专题，内容丰富，观点新颖。我当时留有讲义（英文），可惜因几次搬家，最终不知去向。

接触的国外专家中对我启发最大的是新加坡的荷兰籍规划师孟大强，他是国家城建总局请来指导中国城市规划的。孟是新加坡人，中文讲得好，便于沟通，因此交流也较深入，特别是对襄樊市（现改为襄阳市）总体规划的指点。当时正值评审襄樊总规，我参加了评审。国家城建总局夏宗玕陪同孟大强一起来到襄樊，请他提提意见。孟在地方同志陪同下考察了整个襄樊市，了解襄樊规划。然后，他亲自用马粪纸做了有地形的模型。用织衣的黑线代表铁路，红线代表公路，最终就襄樊规划提出了很有冲击力的意见。令我启发最大的有两点。一是用地选择，他说城市是为人服务，城市主要是市民。因此，要把最好的地、景观最美丽的地作为生活居住用地，指出襄樊规划把最好的地作为工业用地是不对的（后来规划作了调整）。这与中国传统规划重经济、轻生活，重物轻人，把最好的、最易开发、开发成本最低的地给工业，而生活居住作为工业的配套用地的思

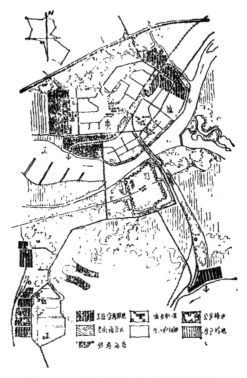

图 4-1　孟大强提出的襄樊总体规划方案
资料来源：荷兰籍规划师孟大强谈襄樊城市规划，城市规划，1981（1）

想理念截然不同。二是城市空间发展方向。我们规划时习惯经过比较，确定某个规划期的城市空间发展方向。孟大强认为未来是难以确定的，特别是规划某年发展至什么方向、有多少面积的提法是不合适的。他认为提出规划发展时序和用地发展顺序更为重要。即根据未来城市发展条件的变化，确定空间发展方向顺序，先发展哪个方向，次之、再之如何。这样整个城市的格局就会稳定，不会乱。这使人想起澳大利亚首都堪培拉的规划优胜方案正是采用了"Y"形的格局和各个方向的发展顺序。孟大强的这些观点后来也被整理成文章，刊登在《城市规划》杂志上（图 4-1）。

4.2　国际交流

可以说 1980 年代是我国际交流最活跃的时期，其间有三件重要的国际交流。第一件是我 1985—1986 年到美国作访问学者，第二件是 1987 年我参加了中国地理学家代表团访问日本，第三件就是我和美国的马润潮教授联合主持了第二届亚洲城市化国际会议，在南大召开。

4.2.1 北美访学

1985年5月份,经中国科学院地理研究所吴传钧先生的推荐,征得美国阿克伦大学地理系马润潮教授的同意,我应邀去美国作访问学者。应该说,这件事情对我来讲是整个学习和规划生涯中的一件大事。事情的背景是1984年我已经通过了英语出国学习考核,得到了世界银行针对出国访问的奖学金。这笔世界银行奖学金在1985年的8月到期,如果届时不能出去,这个奖学金就取消了。我当时因为宜昌国土规划的工作没有办法出国,所以到1985年的时候,已经到了最后的期限。因此我就向学校提出申请,在时间非常仓促的情况下,得到中国科学院地理研究所吴传钧先生的大力支持,推荐我到美国马润潮先生那边作访问学者。马润潮先生很快就同意了,从而使得我在短短的两个月后就办理好访问手续,使这次美国之行得以成行(图4-2)。

到美国去,当时由于没有中国内地到美国的直达航班,所以我是经过香港,然后再到美国。我到香港办理签证,也第一次认识了香港这个城市,看到了香港的高楼大厦、高架路,看到了香港繁荣的商业,我觉得这真是一个现代化的城市。我是从香港飞美国旧金山,然后到克利夫兰。因为我去的学校所在的阿克伦市当时还没有机场,所以需要先飞到克利夫兰,然后到邻近的但顿(Dantan)机场再到阿克伦。在阿克伦大学地理系进修的四川大学的王善本先生来机场接我至学校。当时因为去得仓促,我没有地方住,也没有经验,不知道应该事先就跟学校联系提前解决住房问题。多亏有马润潮先生的大力支持,他就把我安排在王善本先生他们的一套住宅里,我暂时住在客厅里面,过了一段时间才另外租房子住。

(1)阿克伦大学

阿克伦大学位于美国俄亥俄州的阿克伦(Akron)市,距克利夫兰几十公里。阿克伦是一个小城市,人口不到20万人,原来是重要的化工城市,著名的固特异

图4-2 访美前夕留影

（Goodyear）轮胎厂就坐落于此。当时城市人口也很多，后随着工厂迁走逐渐没落。但阿克伦大学的化工系水平很高，与北京化工学院有长期合作，培养研究生和进修教师，南大化学系也有学者在此交流。我所到的阿克伦大学地理系，按照我们中国的标准是一个小系，只有十几个教授、副教授，系主任是典型的美国人诺布尔（Noble）教授，个子又高又大，我看他的体重大概有300斤，他是研究人文地理、文化地理的学者。这个系虽然不大，但是在美国还是一个很有影响力的系，它的特点是研究亚洲的城市，包括研究中国的城市。"文化大革命"期间第一次访问中国的美国地理代表团，就是以阿克伦大学地理系教授为首组成的。阿克伦大学地理系设置有一个很重要的研究机构，就是美国亚洲城市研究协会，该协会以阿克伦大学地理系以及城市事务系（Department of Urban Affairs）两个系的学者为主，另外还有来自美国、英国及其他很多国家的研究城市的学者，也包括亚洲的一些国家从事亚洲城市研究的学者（宋家泰先生及后来的我也是这个研究会的成员）。

我到了阿克伦大学地理系以后，由马润潮教授负责联系。马润潮教授是陕西米脂人，他全家在解放前到了台湾，后从台湾大学毕业到了美国念硕士。他在台湾大学学的是外语（英语），到了美国转向研究地理，特别是城市。他的博士论文题目就是研究中国宋代的城市。这个材料我看过，写得非常好。然后他就到阿克伦大学地理系任教，他对中国大陆发展的一切都很感兴趣，对中国的历史、城市、地理有很深入的研究。另外一位研究中国地理的美国学者——美国佐治亚大学的伯奈尔（Pannell）教授（伯奈尔教授也对中国十分友好，娶了个中国妻子，家中摆设都是中国风格，曾多次访问中国）一起编了《中国地理》这本教材，畅销于美国各个大学。马润潮教授负责接待我，安排我访问期间的具体业务。他的办公室有里外两间，本来外间是接待客人的，里间是书房，他就把外间作为我的办公室，自己就在里面工作。所以在整整的一年时间里面，我和马润潮教授就是这样内外相处的。

（2）补习英语

这里有一个小的插曲。我上中学的时候是在一个美国教会办的教会学校（怀恩中学）念书的。教会学校的特点一是英语水平高，二是数学课较一般学校早一年。我初中进入到这个学校。这个学校也有小学，学生从小学四年级就开始学英语，学到初中以后很多课程都开始用英文的课本。所以我初中进入以后就很不适应，为此，学校安排利用每一年的寒暑假，让我们未学过英语的学生把小学四至六年级的英语课补上，我就老老实实地补了三个假期。到了初中的时候就开始接触英文课本，基本上除了中国历史以外所有的课本都是英文课本，包括数学、物理、化学、地理，一直到高中都是这样。所以我有一定的英语基础。1952年进入大学的时候，学校有好多来自上海的学生，这些学生总体上来讲英语水平都较高。因此，我们进入到大学以后，向学校提出申请，能不能够给我们开一年的专业英语课程，使得我们能够很好地、更全面地掌握英语知识，阅读外国文献。然后我们再学两年规定的俄语，保证达到可以毕业的水平。但是学校不同意，要求我们必须放弃英语学习俄语，所以从1952年开始，我的英语学习整个都停下来了。因此到1984、1985年我们准备出国的时候英语都忘得差不多了。学校里为了给出国的老师提高英语水平，就举办了一个课外的英语班，大概每个星期有两次到三次课。在这种情况下，我们通过了英语考试。南大地理系最早出去的一批老师就是王颖和包浩生老师，他们两个一个到加拿大、一个到澳大利亚。第二批出去的就是曾尊固老师。我本来是可以第二批出去的，但是由于宜昌的工作耽误了，所以让曾老师先去，我到1985年奖学金到期前最后一批才出国。所以我也希望通过在美国一年的访问能够提高英语水平。但实际上我并没有把提高英语水平作为主要的方向，没有花更多的精力，这一点从事后来看是欠妥的。由于我没有在美国着力地学习英语，也影响了我以后的对外交流，这是后话。

（3）访美讲学

1985年刚改革开放不久，出国访问的人还很少，所以我非常珍惜这次难得的访美学习机会。我给自己定了美国访问的目标：第一，是广泛地收集资料，了解城市地理、城市规划在国际上的发展动向；第二，是考察美国的城市，了解他们的城市建设和城市规划；第三，是认识、交往国际朋友，尤其是美国的学者，特别是研究中国城市的学者；第四，是提高自己的英语水平。

我把我访美的活动大致归纳为几个方面。第一个方面就是讲学（图4-3）。因为西方国家（包括美国、欧洲国家在内）由于长时期的隔离对中国都不了解。改革开放以后虽然知道一些，但是他们了解的、看到的（包括他们写的文章）只是根据一些书本、报刊资料和表面现象，对中国的实际情况都有很多的误区。美国的学者们也希望可以从我这儿了解到中国（特别是城市发展）的一些实际情况。在马润潮教授的支持下，通过他所熟悉的学术界的教授介绍，我就到各个有关的大学去做讲座，也认识了很多美国学者。我去了很多地方，如洛杉矶的加州州立大学北岭分校（王益寿教授）、旧金山的加州州立大学伯克利分校（范志芬教授）、亚特兰大佐治亚大学（伯奈尔教授）、丹佛市科罗拉多大学（李育教授）、明尼苏达州立大学（徐美龄教授）；加拿大圭尔夫大学（陈国相教授）、多伦多大学（邦纳教授）。我报告的内容主要有两个方面。一个是介绍中国城市的发展，以及他们特别感兴趣的小城镇的发展。

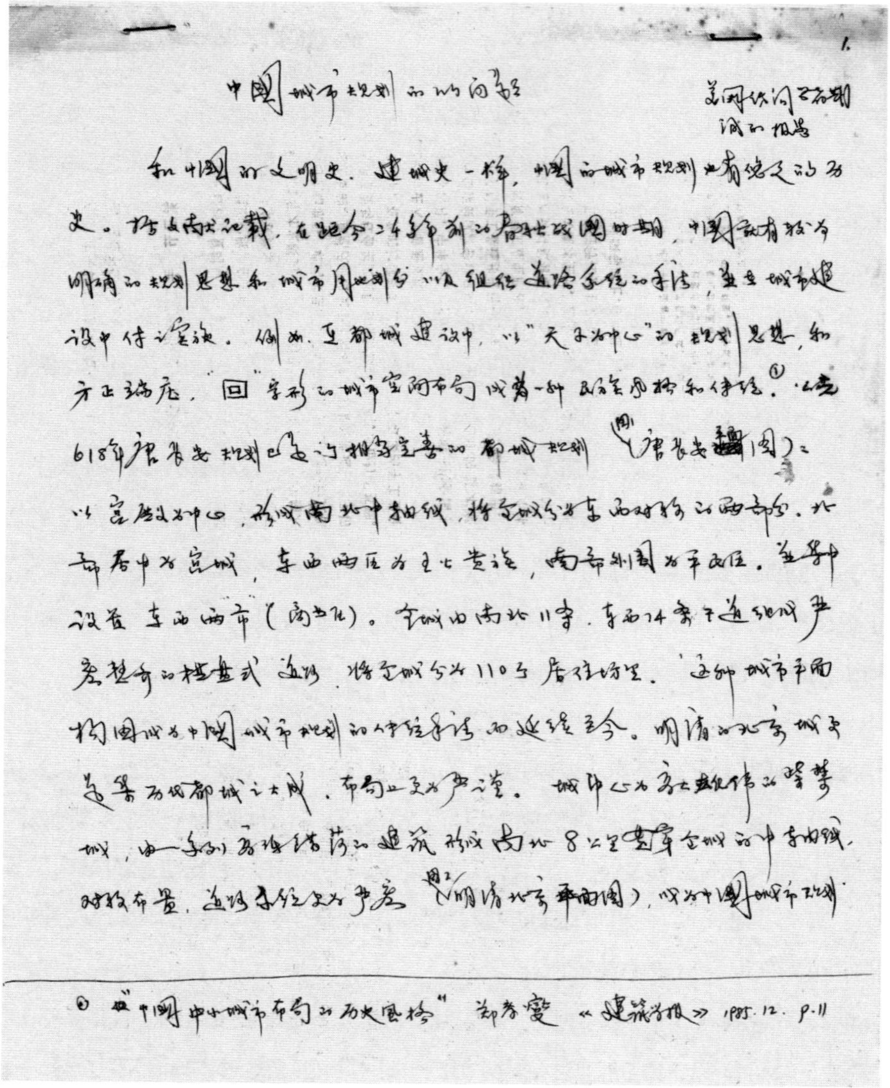

1.

中国城市规划的回顾

美国访问学者计划
访问报告

和中国的文明史、建城史一样，中国的城市规划也有悠久的历史。据文献记载，在距今2400年前的春秋战国时期，中国就有较为明确的规划思想和城市用地划分以及组织道路系统的手法，并在城市建设中付之实施。例如，王都城建设中，以"天子居中"的规划思想，和方正端庄，"回"字形的城市空间布局成为一种规划风格和传统。①公元618年唐长安规划则是体现了较为完善的都城规划（图1 唐长安图）：以宫殿为中心，形成南北中轴线，将全城分为东西对称的两部分。北部居中为宫城，东西两侧为王亲贵族，南部外围为平民区，并分别设置东西两市（商业区）。全城由南北11条、东西14条干道组成严整齐的棋盘式道路，将全城分为110个居住坊里。这种城市平面构图成为中国城市规划的传统手法而延续至今。明清的北京城更集历代都城之大成，布局上更为严谨。城中心为宏大壮丽的紫禁城，由一系列宏伟错落的建筑形成南北8公里贯穿全城的中轴线，对称布置，道路系统更为严密（图2 明清北京平面图），成为中国城市规划

① "中国中小城市布局的历史风格" 郑孝燮 《建筑学报》 1985.12. p.11

图 4-3　访美讲学手稿

因为中国当时正是乡镇企业蓬勃发展的时期，小城镇的发展非常迅速，使美国人感到非常好奇，所以就重点介绍中国城市发展和小城镇发展。第二个就是介绍中国的城市规划，他们特别感兴趣的是新中国成立后的城市规划，以及改革开放以前苏联的城市规划对中国到底产生了什么影响。这些讲座、报告都是在马润潮教授的陪同下进行的。多数时候我用中文讲，马润潮教授用英文翻译，后来逐步我自己可以用英语来讲了。就这样，我一面到各地讲学，一面参观当地的城市，使我对美国有了更系统的了解。

（4）参会考察

访美活动的第二个方面，就是参加美国各种相关的学术会议。比如美国地理学家协会（AAG）每年有一次会议、美国规划师协会的会议、美国亚洲学会的会议、美国地理学会各分会的会议（如东部地区、西部地区、中部地区的各种会议）。我在这些会议上了解了很多学科发展的动态，认识了很多朋友，特别是美国地理学家协会有一个"中国组"，研究中国城市与区域问题，组长是华裔美国教授，所以让我更感到亲切。我记得在参加一次美国地理学大会的时候我和王益寿教授在一起。到了会场，大家都陆陆续续地进入到大厅报到。王益寿教授就让我坐在大厅里，进来一个熟悉的人，他就跟我介绍一个，介绍完了他们就在我们旁边坐下来，如此介绍了很多人，围了一大圈。后来我就提出，"王教授，马上我们是不是要去听听会议？"王益寿教授说，这种上千人的大会参加会议主要的不是听会，因为会议都有文件材料，主要的是会见很多多年不见的老朋友、同行，认识很多新人、新朋友。我听到他如此说感到特别新鲜，印象特别深，第一次感觉到那么大的学术会议，有一两千人，居然不是主要去听这个会，而是为了朋友之间的交谈、交往。

我利用参会，在当地进行考察。如美国亚洲学会会议当年在芝加哥举行。我去参加会议，也就考察了芝加哥，给了我很深刻的印象。第一，芝加哥当时是美国仅次于纽约的摩天大楼第二多的城市。它的城市建设，尤其是沿着密歇根湖的沿湖城市景观很有特色。密歇根湖是位于美国和加拿大交界的湖，北边是加拿大，南边是美国，是美国的五大湖之一。芝加哥的湖滨城市建设和我们国内不同的是，它不是紧邻湖滨建设很多的高楼大厦。它的湖滨首先就是大片宽广的绿地，然后是交通干道，再后才是高楼大厦。在湖滨的绿地中间就建有一些博物馆等，这使得整个湖滨成为一个重要的公共空间场所。同时，那里的高楼大厦造型丰富多彩，外立面非常漂亮，特别是密歇根湖边的高楼群（图4-4），建筑各有特色。这让我体会到什么叫作天际线，什么叫作建筑风格，给我的印象很深刻。第二，是芝加哥市中心的衰落。陪同我的人也讲，芝加哥的好多大楼都是空置的，成为无家可归的流浪者和低收入黑人的住所。我们看到的很多高楼，白天是空空荡荡的，晚上就是这些人的住所。我在这里看到了美国市中心的衰落情景。第三，就是芝加哥城市的形态。它是背靠着密歇根湖发展的城市，沿湖边主城区顺着不同方向的主要道路放射出去，成为一个沿湖的手指状的城市，非常有特色。

我还参加了阿克伦大学学生的五大湖考察活动，他们利用暑假自费组织考察，作为夏季学期一个课程的成绩。考察有带队的老师，但主要是学生自己组织。我和王善

图 4-4　密歇根湖边的高楼群
资料来源：王红扬拍摄

本先生也参加了这个考察活动。五大湖给了我非常深刻的印象，因为五大湖是美国早期的工业发展地带，是城市发展的"展览馆"。从最东面一直到最西面，美国的城市就是这样从克里夫兰、底特律、芝加哥、密尔沃基，一个个地发展起来的。这里同时也是美国城市衰落的地带，也称"锈带"。比如克里夫兰曾经是美国的第七大城市，到 1970—1980 年代已经变成了排名第十几、二十几名的城市，城市随着工业结构的调整衰落了。我在这里看到了五大湖，也了解了美国城市发展史。

（5）华盛顿记

因为需要到国会图书馆收集资料，我便去到美国的首都华盛顿。我对这个首都一个最深刻的印象是：它并不是人口最多的城市，也不是经济最发达的城市，也缺乏高层建筑。但是它是美国的心脏，是美国的指挥中心，它的主要职能就是行政管理，就是文化，就是对外交流。1791 年建都后，由法国建筑师朗方编制规划。美国的经济中心不是华盛顿（哥伦比亚特区没有工业，有金融、旅游业等第三产业和科技信息产业），而是纽约。美国的很多州的城市发展都是这种模式，每个州的首府都是规模不大的政治、文化中心，经济中心都是规模很大的城市，城市的功能分工非常明显。华盛顿令我记忆犹新的是登上华盛顿纪念碑，鸟瞰整个华盛顿的布局，城市主要都是 5—6 层

图 4-5　在林肯纪念堂远眺华盛顿纪念碑
资料来源：申明锐拍摄

的建筑，但体量大、庄重、雄伟。城市以华盛顿纪念碑为中心（图 4-5），四面是放射性干道，直达白宫、国会大厦、林肯纪念堂等，布局清晰、规整有序，看上去真是漂亮。我看了华盛顿的城市规划，多少年来基本框架不变，这就是规划的科学性、规划的权威性。曾传说有这样一个故事：一位在任副总统想在城市选一个地方建住宅，但都因不符合规划而搁浅。我在华盛顿也看到很多美国保留的街道，如"P 街"是早期殖民时期的街道，用石块铺路，有早年有轨电车行驶的铁轨。这些街道旁的住房虽然按照现在的居住环境讲，空间狭小，缺乏绿化，每栋房子都连在一起，但是它的文化氛围非常厚重，也是房价最贵的。我在华盛顿参观了很多的博物馆，都是免费的，比如铁路博物馆、历史博物馆等，真是让人大饱眼福、大有收获，但是由于时间原因我未能跑全。国会图书馆收藏的书刊十分丰富，我到阿克伦大学已经感叹图书馆资料之丰富，到了华盛顿就更不用说了。

（6）中国留学生的足迹

我考察了美国的很多城市，它们都给了我很深刻的印象。例如，由明尼阿波利斯和圣保罗组成的双子城（Twin City）位于密西西比河的两岸，两城市有明确的功能分工：明市是商业、金融中心，现代化城市；圣保罗则是保留有古老建筑的历史文化名城，以行政办公功能为主。在这次考察中还有一个小故事，发生在五大湖考察的过程当中。当时1985年的时候，已经有不少中国的留学生（当然没有后来的多）来到美国的很多城市、学校。我和王善本老师两个人在一个小城市的街上游逛，他就提起来说，现在在美国的中国留学生已经到处都是。我说，不会吧！这些小城市怎么可能有呢。他说，我们俩打个赌吧，看看这个地方有没有中国的留学生。我们一直往前走，果然碰到了几个中国留学生。因为这里有一个矿业大学，很有名，所以有很多留学生到这儿来留学。美国的大学生和我们一起逛街，也和我们说，你们中国真是了不起，留学生已经进入到我们美国这些很小城市的大学里了。这说明了国人当时的一种求知欲，在改革开放以后，国家也希望我们青年学者能够更多地了解西方、了解世界，并为他们提供了很多的机会，让大家出来学习。

（7）学术交流与科研合作

除此以外，就是在美国开展的一些重要的学术交流和科研活动。我觉得在美国对我影响特别深刻的，是美国这些大学图书馆丰富的资料。我在阿克伦大学图书馆翻到了美国内政部关于美国城市的历史资料，从1790年建立统计制度以来，美国所有城市的资料和概况都有介绍。我觉得这些非常宝贵，就把这些资料全部复印下来，准备回来好好地研究美国城市，当然后来由于各种各样的原因，这些资料一直没有发挥作用，非常遗憾。我在美国也看到许多国际城市的各种资料，所以我跟在美国的一些中国留学生和访问学者说，这么好的学习、研究条件，如果我们在美国不能够研究出一些像样的成果，我们就太对不起国家给的支持和留学的机会了。我们当时在中国根本没有办法收集到国外的资料，但是在美国可以收集到非常多的资料。所以我在美国的时间，就是这样安排的：除了出去考察、讲学，还有和马润潮教授讨论学术问题外，其他的时间里面，我基本上都是在图书馆。美国的图书管理制度也是非常开放的，你到那儿去看资料，觉得这本书是需要的，就可以把它拿出来复印，复印完了你就丢在旁边的篓子里面，管理人员会自动帮你摆好。如果你需要什么书，而这本书暂时没有，管理人员可以从其他地方调给你，乃至从美国其他大学的图书馆里调给你用。你看完以后可以不直接放回图书馆，而是放到大学校园专门的箱子里，管理员拿到书整理完以后，会帮你放回去，消掉你的借阅记录。所以我大量地查阅这些材料，更重要的是最新的资料。图书馆的大厅里每天会都有几个车厢，里边放的是最新到的图书。这些图书登记完了没有上架，先给大家去翻阅，我就到这儿去翻。看到我需要的，马上就拿出来去复印。因为我的经费很有限，所以这里我要特别感谢马润潮教授，他用自己的科研经费给我提供了有助于学术活动的各种费用。在美国买一本书非常贵，从十几美金到三十多美金那是常事，但是复印非常便宜。在校外就是5美分一页，在学校内部只要3美分一页，所以我都是复印。你只要不是全书复印（那是侵权），除去头、尾、参考文献，其他的都可以复印。我每天到图书馆的任务就是查、找、看、印，我大致翻一翻，觉得这个主题有用，马上就去复印。也是在马润潮先生的支持下，我后来寄回到国内的资料有36大包，对我回到南大后的研究起了很大的作用。

对于中国城市人口的研究，虽然马润潮教授是美国研究中国地理和城市化的专家，但是他自己也讲，毕竟他在美国多年，对中国的情况不了解。他那边关于中国的资料已经相对很丰富了，有的东西甚至国内还没有，但是毕竟还是不及时的、不够的。而我们有共同的兴趣、共同的爱好，所以我们就经常在一起讨论一些中国城市发展的问题。他不了解的一些情况我就可以告诉他，特别是这些报纸、统计上的内容，其背景是什么？你光看这些文字，比如说乡镇企业发展，村村点火，户户冒烟，乡镇企业为什么这么快发展，为什么苏南的经济发展这么快（苏南和上海存在哪些渊源关系），为什么苏南有星期天工程师，这些是他们所不能理解的。我们一直在讨论中国发展的很多问题，可以说讨论得非常深入。由于1980年代以后开始市带县，很多中国城市的统计资料就出现了变化。一个市带了很多县，还有县改区的情况。这样导致城市人口的统计就变成了一个非常模糊不清的问题。从数字看，中国最大的城市是重庆，有4000多万人口；江苏的盐城是特大城市（当时100万以上人口就是特大城市）……这都与当时人们的印象不一致。人口是研究中国城市的基础，连人口都搞不清楚，怎么研究中国城市的问题呢？所以迫切需要界定中国城市人口。我和马教授就一起讨论，由我执笔写了一篇文章《中国的行政变化和中国城市人口》。我根据对中国城市人口的了解，把中国城市人口的组成作了梳理。中国城市人口包括市区人口和郊区人口，市区人口有农业人口和非农业人口，县里还有农业人口和非农业人口，建制镇人口属城镇人口，而乡集镇则有非农业人口。同时非但有城镇人口，还有流动人口等。文章把中国人口的各种组成、构成的关系说得很清楚，还说到小城镇、建制镇。在农村的集镇，不是建制镇，不统计为城市人口。后来这篇文章在美国最高级别的地理学刊物上发表（由马润潮教授按照美国写文章的要求翻译成英文后发表）以后引起了很大的轰动。一方面，这篇文章是中国大陆学者在美国最高级别的地理学刊物上发表的第一篇文章（中山大学许学强教授在某回忆文章中误写为"中国季刊"）。另一方面，这也是阿克伦大学在《美国地理学报》上发表的第一篇文章（因为美国的高级别地理学刊物发表文章要求非常严格）。这篇文章发表以后就成为国外学者（包括国内学者）研究中国城市人口必须引用的资料，因此成为国外被引用最多的文章之一。正因为这样，我当时去阿克伦大学访问的时候，身份是访问学者（visiting scholar），而这篇文章发表以后，阿克伦大学就给我换了一个身份——访问教授（visiting professor），由此我也成为中国城市规划学界在美国比较有影响的学者之一。马润潮教授是美国研究中国城市的专家，所以美国的很多刊物，凡是收到美国学者（包括华裔的、非华裔的）研究中国城市的文章，大部分都会送到他那边进行审阅。马润潮教授就把这个任务交给我，他就说你先看，审完了以后告诉我哪篇文章行，哪篇文章不行，问题在哪里，然后我再根据你的意见反馈给作者。于是，我就有机会看了大量的美国学者写的文章。这样有两个好处，一是我了解了国外的学者研究中国城市的深度和广度；二是也提高了我的英文阅读水平。

（8）对城市发展规律的新认识

通过在美国的实地考察及教授之间的交流，我改变了过去对美国的城市发展的一些看法，提高了对于城市发展规律性和对城市化的认识。比如说我在去美国以前，只在教城市地理时讲美国的城市发展史、发展阶段等，但是，就像美国人研究中国一样，只是根据美国的文章综合来讲的，确实也不了解它的背景。后来，我向加州州立大学北岭分校的王益寿教授请教，他给我讲得非常清楚，美国的城市发展历史、城市空间格局的变化，是跟美国的工业化过程、经济发展转型过程完全结合起来的。人们最早从欧洲来到美国的东部地区，建立了包括新英格兰地区的13个州，主要发展工业，是为英国及欧洲大陆服务的，其加工的产品被运到欧洲大陆去，那时美国还没有自己工业体系。到了第二阶段，人们发现了阿拉巴契亚煤田、芝加哥附近的铁矿，才开始建立美国自己的重工业，在芝加哥、克里夫兰设置了钢铁厂，开始了美国自己的工业化过程。后来汽车、一些装备制造业，全部发展起来。第三阶段是西部的发展，最早当然是旧金山的淘金热。到了1950年代，电子产业、航空产业的发展，按照我们中国今天的话讲就是它的高新技术核心基地的发展带动了美国加州和整个西部地区的发展，所以就涌现了像洛杉矶这样的大城市，进而形成了美国东部的纽约、中部的芝加哥、西部的洛杉矶三大中心。1960—1970年代，为应对石油危机和军事工业的需要，南部地区如休斯敦开始崛起，美国的城市格局基本定型。对比美国城市发展的空间轨迹，可以发现我国城市发展的问题。美国从东到西、到南，随着地区经济发展，建立起区域的中心城市。王教授的话给我很大启发。回顾我国的城市发展过程，从1949年到1978年，从东到西，在一线、二线、三线城市的发展过程中，由于转移太快，除了东部沿海如上海等原有城市外，并没有形成强大的区域中心城市。以致到"文化大革命"结束，又如画了一个圈后重新回到东部再出发。这种螺旋式发展状况是值得深思的。

（9）关于城市化的认识

在南大期间的城市地理专题讲座中，我谈到了城市化发展的阶段性，如集中化、郊区化、逆城市化，但没有深切理解其背景，总显得干巴巴的，缺乏说服力。我去了美国实地考察，和各位教授交流，阅读了有关书刊（有幸查阅到了塞尔达的著作《城市化原理》），才对其有了较为清晰的认识，感到国内形式主义机械照搬的弊病。就美国的城市化过程而言，经过了东、中、西部发展到1920年，基本完成了工业化、城市化过程，城市化水平达50.4%，开启郊区化过程。由于经济危机和世界大战，美国从1950年代才开始大规模郊区化，1970年代开始逆城市化，1980年代初开始局部城市的再城市化。而城市形态和类型则是大城市、中等城市、小城镇和市中心的复兴依次发展，与社会经济发展紧密相连。回顾我国，1980年代初，在我国工业化才刚开始时，在中心城市本身经济还很薄弱，城市欠账甚多，不了解卫星城镇的建设条件、基础要求的情况下就效仿西方开始建设卫星城。结果无一不以失败告终（包括上海、北京）。又如1980年代，正是乡镇企业发展、小城镇兴旺时期，也许受到"严格控制大城市，发展小城镇"方针的影响，也是不论城乡都大力提倡小城镇。而西方的逆城市化是城市向乡村转移，人们收入水平提高，旅游等消费需求增加，高新技术兴起，对乡村环境青睐，大学城、公司城兴起的情况下，各种类型小城镇蓬勃发展的结果。1986年我自美回国后，南京市某单位请我去讲小城镇。我就举了美国示例，说明小城镇发展要有条件，要有阶段。关于再城市化，中心城区复兴、绅士化现象在当时的中国尚未出现。加拿大的陈国相教授（图4-6）给我解释了绅士化的背景。欧美一些城市中心城区衰落导致各项建筑老化、设施需要维护，而该地区税收很少，地方政府便须负债。青年一代需要在城区休息娱乐，郊外老年人需要进城医疗。已还清贷款的郊区住房可以出售，其钱款可用于市区购房（如共享公寓，为市政府适应此形势建设的公寓楼）。这种种因素导致了市中心的复兴。陈教授的话使我受益颇多。由此，也引起了我对再城市化研究的兴趣。1990年代，我把这个问题介绍给我的博士生朱喜钢（南大留校任教），建议开展此项研究，从而也使此成为南大城市化研究的特色，后来还专门成立了"南京大学中产阶级研究中心"。

（10）关于城市更新

① 克利夫兰的橄榄球场

克利夫兰是距阿克伦大学最近的大城市，其虽已衰落，但仍然是人口和经济相对发达的城市，正面临市中心复兴的规划建设。除了沿湖、沿河地带的旧工厂、仓储建筑改建为商业中心、商住楼以外，一个有趣的例子是在市中心建造了一个橄榄球场。我感到

图 4-6　与陈国相教授等人合影
注：左起依次为佘之祥、沈道齐、马润潮、崔功豪、陈国相

颇为惊奇：市中心地价高，不建办公楼却建橄榄球场。我向规划人员了解才知道个中缘由。他们说，他们规划的是一个适用于乙级球队的比赛场地，这里每季都有橄榄球联赛，联赛延续好多天。美国人爱橄榄球，就从各地来观看，就要住、吃、消费，就此带动各消费行业的发展，城市也就复兴了。这也让我初步理解了消费带动城市发展的观点。

② 1 元一座楼

另一个市中心改造的例子也使人惊奇。我曾听说美国为了复兴市中心，登出 1 美元出售一幢楼的广告，以为这是商业宣传。这次在阿克伦正遇到此事，市内一幢商业楼（3 层），售价 1 美元。条件是必须在某个时间前开始使用，以此来复兴城市。正好阿克伦大学商学院用地不够，就买下了这座楼，装修改造半年后就启用。

我在美国还看到了资源性城镇复兴的例子。在落基山区，有一个因开采有色金属矿而兴起的城镇因矿源枯竭而衰败，后来通过两个措施又复兴了。一是利用矿井中残留的矿石，如铅、锌、铜等，制成工艺品，在开放矿坑、矿井旅游时同时出售，效益很好。我就买了好几个作为小礼物。二是利用山区凉爽的气候（山下是美国的中部平原，气候炎热），建设很多住宅、酒店，供人购买居住或休憩度假。这些经验都值得借鉴。

（11）参观北卡研究三角区（Research Triangle Park）

我应在北卡罗来纳大学教堂山分校硕博连读的原我校教师牧新明（77级学生）的邀请，去到该校访问。当时，牧和他的夫人蒋宁玲（南大同班同学）均在，牧不仅在规划系学习，还在经济系选读。我们从华盛顿出发经过弗吉尼亚州的首府里士满，看到广场上耸立的独立战争前南方政府总司令李将军的雕像，也感到美国人对历史人物的崇拜（不管是胜利者还是失败者）。到达北卡，我参观了学校、图书馆和为博士提供的家属宿舍。经牧新明介绍，附近有一个高新技术园区——研究三角区，让我很感兴趣，次日我们即开车去参观。研究三角区位于三个高校（杜克大学、北卡罗来纳大学、北卡罗来纳州立大学）之间的一片林子里。研究三角区是北卡州政府拟改变本州面貌、升级产业结构、吸引高技术产业所采取的经济发展计划而创建的，面积28平方公里，是美国1959年成立的第一个研究园区，规模很大，入驻的都是公司、研究机构、试验基地。按研究三角区管委会的规定，为了维护林区的生态环境，每个入驻单位的用地中必须保留大片的绿地（或林地，具体比例记不清了，大致超过50%），并由管委会统一管理。我们开车进入，感到确实环境不错。到了IBM公司，我们在外围参观了一下，即离开去其他地点。不料，后面喇叭声大作，赶来一辆车，询问我们身份和来此目的，我们作了解释。来人得知我们来自中国，就特别友好，表示歉意并邀请我们参观公司。后来，牧新明告诉我说，这是防止商业间谍通过外部建筑探寻机密。通过参观研究三角区，我对高新区选址有了新的认识。选址有两条重要原则：一是环境，因为高新产业和科研对环境要求很高；二是依赖高校，取得智力就近支持。后来去德国访问时，我也发现鲁尔区的一些高新技术园区都邻近大学，作为学生的实习基地，然后吸引他们就业。因此，我对南京江北高新技术园区选址在东南大学和南大之间也甚为理解。

（12）开题报告的启示

在阿克伦大学期间，我也利用这个难得的机会，去参加硕士生课程的学习和了解论文写作过程。在参加研究生课程时我最深的印象是课堂气氛很活泼。我大致计算了一下：一堂课，前半段（大致15~20分钟）是讨论上一节课布置的作业题，学生们纷纷发言，各抒己见；后半段（大致25分钟），老师总结、讨论和讲授新课；最后5分钟，布置下节课的作业和指明部分参考文献，量很多。所以，学生课后的阅读量很大。老师的教学方式也很活泼，穿着随意（秋衣、短袖衫），讲课有时站，有时靠着讲台，有时坐在第一排的课桌上。学生坐得也随意，有的甚至还拿着可乐和面包，边吃、边听、边记。

我参加了一次研究生的论文开题报告（他们称为proposal），是研究生写作论文的第一次讨论。除导师外，教研室其他老师、研究生均可参加，均可就题目的意义、依据和方法提出疑问。我就参加了一个关于"超市布局"的开题讨论。超市布局的基本依据是来超市购物的人数，据此才能保证超市获利而存在。为此，需要了解超市的服务范围。有人提问，你怎么才能知道顾客的来源地，确定服务范围？采取什么方法，是在超市蹲守调查还是别的？该生根据美国购物一般不用现金而用信用卡这一特点，提出通过超市购物使用的信用卡的用卡数量和顾客地址了解其服务范围。然后再根据相邻超市关系，可以大致计算出多大范围、多少人口，需要设置多少超市，以及其布局的位置。这听来也颇有道理，也表明在美国早就运用大数据的方法了。

在参加了硕士生论文讨论后，我觉得开题报告是一个好形式，通过开题报告把论文的意义、依据、方法大致确定了，以后的写作就容易了，避免走弯路、大调整，于是即写信给南大地理系主任杨戊教授介绍和推荐了这个方法。此后，我系的研究生论文写作过程都有这一步骤，一直沿用至今。

（13）和南大的合作

在访美回国前夕，我和马润潮教授又专门讨论了与南大合作的事项：一是在南大召开第二届亚洲城市化会议，时间定在 1988 年；二是设立"马氏城市地理奖学金"，由马润潮教授个人出资，南大每年有 2 个名额；三是聘请马教授为南大兼职教授，来南大讲学，指导青年教师和开展合作研究。

在即将回国之际，马润潮教授收到中国地理学会的邀请，组织美国地理学家到香港参加地理学大会。我得知此消息，就与中国科学院地理研究所联系，希望参加这个会议，未得到批准。后马教授邀请我一并去香港参会。在会议期间，我认识了香港大学叶嘉安教授、澳大利亚悉尼大学伍宗唐教授，相谈甚欢，打下了会后学术合作交流的基础（图 4-7），还在会上结识了台湾地区的地理学同仁姜兰虹、张长义、陈小红等，会议提供了两岸交流的机会。此番再度到香港，我感到香港与美国城市相比还是有不少差距。

（14）初访加拿大

利用在美国访问时去加拿大的便利，1986 年我在马润潮教授的陪同下，去加拿大多伦多大学访问讲学，并参观多伦多市。

多伦多大学有北美规模最大的地理系，师资力量雄厚，学术水平高。经马教授介绍，我认识了在城市地理方面很有造诣的邦纳（L. Bourne）教授，他和另一位教授合著的《城市体系》（*City System*）一书汇集、总结了西方研究城市体系的成果，是一本很有价值的学术著作，此书也成为我回国后研究城市体系的重要资料。我们一起讨论了有关城市体系的问题。而后，我也有机会听到了邦纳教授关于欧洲城市人口回流

图 4-7　与香港大学叶嘉安、悉尼大学伍宗唐两位教授合影

(turnaround) 现象而反映的再城市化的报告,深感他对城市化发展的敏感和理解。我在多伦多大学还认识了正在攻读博士、来自香港的陈金永。嗣后,他专门研究中国的人口问题,因此我们多次交流并成为朋友。他现在美国华盛顿大学(西雅图)任教。

多伦多是加拿大第一大城市,原为加拿大政治、经济、文化中心。后因法语区魁北克省频闹独立,首都遂迁至渥太华,对其地位有所影响,但其依然是加拿大最发达、人口最多的城市。那里华人聚集,有 60 多万人(1980 年代),有专门的唐人街和华人报纸、电台、电视台。在华人区可以不必讲英语,其街道景观似同香港。

我访问多伦多时,顺道应陈国相教授邀请,访问了多伦多附近的圭尔夫大学。圭尔夫大学位于多伦多市西南 70 公里,距滑铁卢市 20 公里。圭尔夫大学规模不大,但很有特色。它原为农业、兽医、商科三校的底子使得校园内还保留有不少服务于农学的建筑,均有百年历史,后来转为综合大学。该校的地理学和海洋研究很有名,曾与我校地理系的王颖教授(院士)建立合作关系。

在美期间,我结交了很多美国、加拿大的华裔学者,给了我很多帮助。由于兴趣相近,性格相合,我们都成了好朋友。其中首推是马润潮教授(图 4-8),不仅为我的访问提供了很多工作方便,生活上对我也十分关心,经常邀我外出用餐(每周至少 2 次),而且慷慨无私地提供他的科研经费供我外出调查、复印资料,为我联系

图 4-8　携南大等机构青年教师在美国旧金山庆贺马润潮教授 70 岁生日

美加学者,陪同访问和讲学,讨论业务、合作撰文等,从 1985 年起,持续至今。我们双方家庭相处也十分熟悉融洽。洛杉矶的加州州立大学北岭分校地理系的王益寿教授,为人热情(当时任地理系主任,也兼任校总务长,后任副校长)。他对美国城市发展空间轨迹的介绍让我茅塞顿开,还送了我很多城市地理的书。他曾热情邀请我留下任教,替他讲授中国地理课,我婉言谢绝了。他是最早与陕西师大结对进行交流的学者,参与编写了国内第一本(1983—1984 年)城市地理的教材(讲义)。加拿大圭尔夫大学的陈国相教授,原籍海南文昌人,毕业于新加坡国立大学,为人正直豪爽。他关于绅士化的讲解令我受益匪浅。之后他多次来中国,开展乡村和农村发展合作研究。此外还有佐治亚大学的伯奈尔教授(前文已述)。

(15)基督教的影响

我在美国也深感基督教的影响,多数美国人都信仰基督教,信奉耶稣,各地教堂林立。基督教教义是性善助人,宗教活动普遍。每周教堂做礼拜、搞活动都人满为患。我中学即在教会学校度过,对这些较为熟悉。因此,为了解美国社会的教会活动,我也曾多次去教堂参观,也参加过圣诞集会(半程)。

(16)两岸同胞亲

在美国阿克伦大学访问期间,还有一件令人感受很深的事情,就是两岸同胞情谊。在美国,超市、购物中心均集中在一起,距学校和宿舍很远。因此,必须有车才能购物,由于来自大陆的学者们有车的很少，所以一般都是每周五晚上拼车去超市购买一周所用的商品。这时，来自台湾地区的学者会主动帮助开车带人。有时，来自大陆的学者晚上突发急病，就打电话给他们请求帮忙，他们就毫不犹豫地开车送去医院。学校和学院每阶段都会有联谊活动，利用周末一起聚餐，两岸学者也一起活动，大家各自烧些特色菜同享，谈学习、生活、文化。在离校告别之际大家也互赠礼物留念，感念两岸一家，同胞情谊。

4.2.2 首访日本

1987年我随中国地理学会代表团应日本地理会议邀请访问日本。这是中日两国地理学会签订的协议，每两年互访一次，1987年是中方访日年。中方代表团共6人，团长是吴传钧先生，成员有华师大的严重敏先生、南大的我、辽宁师大的张大东、西北大学的赵荣，还有一位忘记名字了。我们从上海离境，在长崎入境，日本地理会议的秘书长秋山元秀迎接我们。我们还见到了日本地理界元老河野通博先生，他会汉语，汉字也写得很好。到了广岛，我们看到了二战原子弹爆炸后留下的半幢建筑，参观了广岛和平纪念馆。纪念馆布置得不错，只是以受害者的身份，公布了死亡人数和损失，却只字未提日本对世界，特别对中国人民的侵略行为和带给各国人民的罪行。广岛和平纪念馆是日本中小学生的教育基地，每年大批学生来此，不知留给他们的是什么印象？在广岛，我们访问了广岛大学，在图书馆遇到了在此学习的柴彦威（后回国在北京大学任教）。我们由广岛去大阪参观了关西大学，然后乘新干线去东京。日本新干线久负盛名，是往返于日本三大都市（东京、大阪、名古屋）间的高速列车，速度很快。给我们印象最深的是沿途两侧都是连绵不断的建筑，犹如上海到南京的列车途径苏南地区一样，唯一留下的空隙是富士山段，列车经过可看到日本的标志性景观富士山。到了东京，两国学者的学术交流活动正式开始。

这次首访日本给我的启示有几点：一是东京的发展和卫星城建设。我们到东京时，初略印象是十分繁华，交通四通八达，行人穿梭但很有序，是一幅现代化大都市景象。当时，日本也在讨论东京人口疏解问题。讨论中的一个观点是：城市人口的增长和城市功能有关，当城市面临新发展形势、新功能定位时，如世界城市，能承担此功能的条件（人才、科技资源、技术设备、服务业）只有东京具备，因此东京仍是人口聚集的中心。同时，东京的卫星城建设也相当成功，如新宿、池袋、涩谷、筑波等，通过建设各有特色的功能卫星城，与东京形成功能互补、人口疏散的有机格局。第二点启示是参观筑波城。筑波城是东京卫星城规划中明确以教育科研为主的科学城，距东京 50 公里，《筑波规划》在国际上颇为著名。其 1970 年开始建设，1987 年我们去参观时已有不少大学（筑波大学等）进驻。我们在东京吃过晚饭后，从东京去往筑波，离开了灯光闪烁的东京，经过了一段广阔、黑暗的农村地区即到了筑波。这里也是一片阴暗，只有少数大楼显露些灯光。第二天我们参观了筑波城，与筑波大学师生座谈（筑波大学工学系设有城市规划专业）。在来筑波前，我们已有听闻，筑波城常有年轻人跳楼自杀现象，于是请教了学校。得到的回答是确有其事，主要因为筑波城还在建设，城市各种服务设施，特别是休闲、娱乐等消费设施还比较缺乏。年轻人随迁校迁所离开繁荣的东京，生活不习惯而产生了厌世之念。这一现象给我的印象是城市建设不能仅有生产、就业、就学，还需要相适应的配套设施，城市才能和谐发展。第三，我们在东京也参观了一些神社。有一次参观一对夫妇在神社举行的婚礼，他们穿着传统的、复杂的和服，举行了跪拜礼等繁复的仪式，和在街上、在公共场所见到的年轻人的时尚情景很不相同。后来经过了解和交谈后，我得出了一个日本社会实际上是一种封建资本主义的概念。日本在明治维新后，引进、模仿了西方资本主义的生产方式和生活方式，但是长期封建王权统治在社会上仍有很大影响。例如，妇女在社会和家庭中的地位、儿女婚事要听从父母安排等的习俗依然盛行。在日本的电影（如《华丽的家族》）中儿女婚姻实际上是家族利益的工具，官官相配，官商联姻。年轻人虽然在社交和日常交往中是开放的，奉行资本主义的一套方式，但在结婚的问题上，仍需遵守传统礼法。这给我印象特别深刻：物质的变迁可以跟上时代，而文化、习俗、思想要与时代合拍就不容易了。30 多年过去，不知今日的日本社会又是如何？虽然我之后还曾多次去日本（后文会提到），但没有深入进行社会研究。

首次访日，我对日本留下了很深的印象，如繁华的城市、整洁的街道、人们相聚相见时的彬彬有礼、精神的中小学生和亮丽的校服等。也结识了很多的日本学者，了解了日本关于城市地理研究的状况，为学术交流打下了很好的基础。

4.2.3 国际会议

1980 年代我系一项重要的国际活动是举办国际会议。按照在美国时与马润潮教授商定的计划，1988 年 8 月 8~11 日，在南大召开了第二届亚洲城市化国际会议。这是我系主办的第一个国际会议，也是国内较早的国际会议（图 4-9）。国外、境外学者非常积极，参会国家和地区较多（美、加、英、荷、印、日、韩及中国香港等，包括与会者家属）共 30 余人。在美国密歇根大学任教的韩籍教授林吉镇，因签证耽搁，赶到上海时会议已开了两天，询问能否参会。我回答表示欢迎，第二天一早他就赶来了，后来我们也成了朋友。他邀请我赴美讲课，送我书籍（*Urban Patten*）。这次经历让我们感到召开国际会议非常重要，但缺乏经验。我当时正担任系副主任，于是就充分利用校系资源，会址和食宿均安排在我校的中美中心。中美中心是我校与美国约翰斯·霍普金斯大学合办的教学研究中心，美方任主任，中方任副主任，培养中国通、美国通的人才，学制2年，每班50人，中、美方各25人，中、美学生同住，讲授中、美政治（包括政党）、经济、文化、历史等课程。美方授课讲英语，中方授课讲汉语。此班深受国

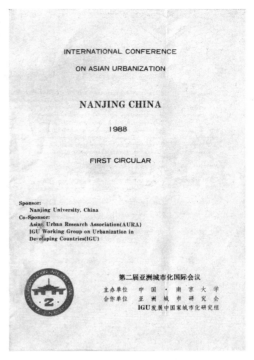

图4-9　1988年亚洲城市化国际会议通知

内大众欢迎，报刊上称之为"不出国的留学"。中美中心建筑由美方设计，各项材料均由美方提供。我动员了全系行政人员、青年教师、研究生搞会务，锻炼他们的英语能力，也提供和外国专家接触和有利于出国的机会（会后确实有不少学生因此机会而出国，包括参会的南京地理所魏也华，现在为美国犹他大学教授）。会议由马润潮和我轮流担任会议主席，参加大会开幕式的除校系领导外，南京市副市长范仁信也出席会议（图4-10）。

我在会上做了"近十年中国城市化研究"的主题报告。会议大会、小会并举，开得非常热闹。各国专家在各类会上做了精彩发言，针对中国城市发展进行热烈讨论。会议提出，"要客观承认大城市在国家经济发展中的重要作用，区别情况合理发展和控制，积极发展小城镇，有计划地重点建设一批有实力的中心城镇"等重要观点（参见《中国城乡规划学学科发展史》）。会议气氛活跃，尤其闭幕式后的晚宴上，来自英国的柯尔比跳上坐凳上热情讲话。他一示范，其他外宾也纷纷效仿，站在凳上讲，连体重300斤的诺布尔也站上了坐凳讲话，让人又感动又担心。会议在宾主尽欢的气氛中结束。第二天，代表们去无锡参观乡镇企业，到小城镇考察（图4-11）。无锡市薛市长接待了全体代表，赠送了无锡特产阳山水蜜桃。不少外宾没有经验，一咬汁水喷溅在衣服上，大家笑得很开心。无锡参观后，代表们去了上海，然后分头回国。

图 4-10　第二届亚洲城市化国际会议于南大中美中心顺利召开

图 4-11　会后带领嘉宾们在无锡杨市小城镇考察

中篇

学科发展转型——城市规划的繁荣（1990—2003年）

1990年代是中国经济发展史、中国改革开放史的重要历史时刻。国家区域发展格局从历来的东、中、西三地带扩大为三带一区（东北），区域性的空间规划增多，又是城市规划发展、探索、创新的黄金时代。1992年邓小平南方谈话进一步推动了中国改革开放的进程，浦东开发迎来了城市发展的新机遇，全球化进程的加速又使中国城市的国际化进程和迈向世界城市体系的愿望更加强烈。中国的城市规划事业出现丰富多彩的繁荣局面：规划的新类型、新内容、新理念、新方法、新规范不断涌现；规划行业也向国际靠拢，推行注册规划师制度；全国建立以工科模式为主、工科理科背景城市规划教学体系相融合和统一的城市规划人才培养的评估、考核制度。而我本人的规划生涯也进入繁忙的活跃阶段。

第 5 章　与改革同步，城市规划领域的新开拓和新探索

从 1990 年代起，中国的城市规划出现了两种情况：一种是原有规划类型的深化，如第二版的城市总体规划、城镇体系规划、国土规划等；另一种是规划类型的新开拓，如概念规划（战略规划）、城乡一体化规划、县域规划、都市圈、城市群规划。南大作为理科背景的规划单位（包括我个人），在充分发挥专业特长的基础上，也积极投入到这个热潮中。

5.1　城市总体规划

21 世纪初，在中国规划界有那么一种声音，即由从美国哈佛大学获景观学博士学位的俞孔坚先生提出的"反规划"的观点。俞认为，中国目前的习惯做法是重视建设用地的扩展，规划的思路是采取加法，满足建设用地的需要，其他用地作为配套，生态用地只是补充（大意如此）。而俞的观点是反其道而行之，突出生态观点，采取减法，在区域总用地中，先减去生态用地等非建设用地，然后再规划建设用地。我个人认为，这种观点是可取的。在规划中，对区域空间研究不足，只关注人的建设空间，不重视自然空间，对空间的适宜性、制约性缺乏深入分析，特别在资源环境紧约束情况下，强调对空间保护是必要的。但这种提法较为"刺激"，因此，我用了"负规划"的提法，意思是"正"为"加"，"负"为"减"，负规划就是实现生态保护，先减去生态等非建设用地，再规划建设用地。

2002 年，我接到芜湖市政府邀请参加芜湖市城市总体规划的评审会。在听取了编制单位的规划成果汇报以后，感到有相当的缺陷。如对城市在千禧年新时代背景下的影响缺少考虑，发展定位视野较窄，尤其在空间分析上偏于传统。在我提出意见后，市里要求南大重新编制规划，并命名为"芜湖市域空间利用总体规划"。我组织了沈洁文老师和研究生王兴平、赵伟等组成工作组，南京地理所姚士谋和芜湖市规划院参与部分工作。

芜湖规划的特点，第一是发挥南大在区域研究中的特长，将芜湖的区域分析从过去的一城一域，扩大到全国、长江经济带、长江中下游（皖江）、长江三角洲、安徽省五个层面，明确了发展定位。第二，更重要的是规划理念的调整，应用"负规划"的做法，首先明确非建设用地，在满足区域生态环境需要和未来规划储备需要后再安排建设用地。建设用地是区域总用地减去非建设用地的剩余。第三，进行非建设用地分析，按以生态价值为导向的自然生态保护系统（自然保护区、生态公益林、草地、湿地和水面、风景名胜区）、以保护文化价值为核心的文化文物保护区、以保障粮食安全为基本目的的基本农田保护区、不宜利用的地质灾害区，共划出非建设用地 2286.2 平方公里，占总面积的 68%。第四，将 32% 的可建设用地划分为规划用地（城乡建设用地和区域交通用地）和战略储备用地。第五，根据生态适宜性分析和未来空间储备的需要，划分管治分区：积极发展区、适当发展区、控制发展区、禁止建设区。除上述方面外，还构建了空间利用的战略框架和结构：两心两轴，东扩、南延、北优、西跨的空间发展方向，和西江南林（区域生态网架）中水（水网）、开敞的农业空间格局（图 5-1）。

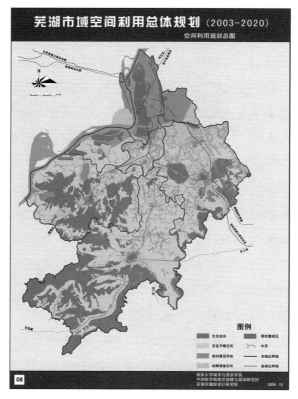

图 5-1　芜湖市域空间利用规划总图
资料来源：南京大学城市与资源学系. 芜湖市域空间利用总体规划（2003—2020），2004 年

芜湖规划得到了市领导、主要部门和专家的好评。今天看来，也和当前的国土空间规划的思想、原则和做法基本一致，而关于区域空间分析的内容和方法在今天也有参考价值。

5.2 城镇体系规划

我国建设主管部门历来重视城镇体系规划，充分认识到"从区域论城市""从体系论城市"的基本观念的科学性。因此，在1980年代，由建设主管部门推行的省、市、县城镇体系规划和国家计委推行的国土规划（含城镇体系规划）两股力量，大大推动了我国城镇体系规划工作的发展。1980年代末，国土规划工作停滞后，建设部依然推进城镇体系规划，并以城镇体系规划替代和发挥了区域规划的作用（陈晓丽任建设部规划司司长）。1994年10月在绍兴召开的城市规划学术委员会成立城镇体系规划学组，由周一星任组长，我、蔡人群（广州地理所）、侯三民（江苏省城市规划院）任副组长。1994年8月发布了新的《城镇体系规划编制审批办法》，进一步推动了城镇体系规划的开展。这是我国城市规划和区域规划的重要特色，其对区域和城市发展的贡献不可抹杀。

城镇体系规划是南大的强项，形成了相对成熟的理论方法。在新的形势下，应当力求有所突破。这一轮城镇体系规划中令人印象最深的是《江苏省城镇体系规划（2001—2020）》，南大承担部分专题研究，而我作为整个规划项目的顾问参与其中。这项规划获得了建设部优秀城市规划项目一等奖。这个项目是由江苏省建设厅副厅长张泉直接领导和指导，由江苏省城市规划设计研究院承担的。这个规划的突出之处有几点：一是提出"三圈（南京都市圈、徐州都市圈、苏锡常都市圈）、五轴（沪宁轴、沿江轴、东陇海轴、沿海轴、中部轴——新沂至无锡）"的江苏省空间结构（图5-2），此格局基本的思路至今仍在沿用，成为江苏省生产力布局的重要依据。二是首先在全国省级规划中提出都市圈概念和编制三大都市圈规划，之后武汉等市也开始编制都市圈规划（三大都市圈规划在城市规划项目评奖中获全国优秀规划项目一等奖）。其实都市圈概念最早始于1990年代初，我任南京市总体规划项目顾问时提出了"南京都市圈"的概念，也是全国第一个在规划项目中提出的新概念。后在编制江苏省城镇体系规划时，为避免重复，通过协调，南京市改为"都市区"，江苏省用"都市圈"。在江苏省城镇体系规划中根据三大都市圈的现状条件和发展阶段提出："苏锡常都市圈优化、南京都市圈完善、徐州都市圈培育"三种不同的发展方向和路径，这个思路也

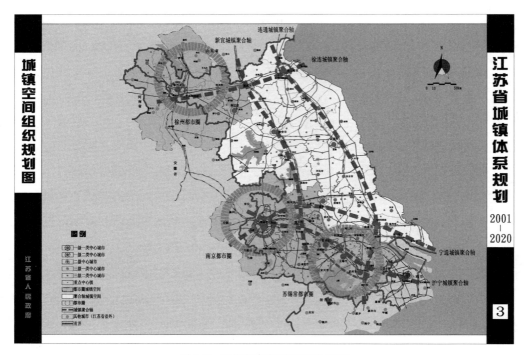

图 5-2　江苏省城镇空间组织规划图
资料来源：江苏省建设厅．江苏省城镇体系规划（2001—2020），2001 年

为各地随后开展的都市圈规划所借鉴。三是根据江苏实际情况，在国内率先大胆提出"加强大城市发展，积极发展中小城市，提高小城市质量"的城市发展方针，突破了长期以来"严格控制大城市规模"的束缚。这一方针也得到了省领导的认同，在 2000 年省委报告中也被引用。也因此提升了建设厅在省内的地位，助力其取得了主持全省城市化研究的重任（一般由发展与改革委员会承担）。

　　这期间，南大规划系也承担了其他省、市的城镇体系规划任务。我记得当时浙江省建设厅十分重视城镇体系规划，要求省内各市、县限期完成，还要求必须具有甲级规划资质的单位才能承担。但省内技术力量不足，于是浙江省规划院邀请南大规划院合作，南大曹荣林老师具体负责联系，承担了多项任务。同时，南大还与杭州大学规划院合作（当时杭大规划院尚未取得甲级资质），从而也与浙江同行建立起密切的联系，之后我系有很多毕业生去了浙江院工作。这个时期，我个人主要承担过三种类型的城镇体系规划：一个是苏州市城镇体系规划，一个是宜兴市城镇体系规划，再一个是云南大理白族自治州城镇体系规划。

　　（1）苏州市域城镇体系规划
　　苏州的特点有以下几点。①紧邻上海，与上海有着密切的经济联系。在改革开放后，存在"前店后厂"的经济协作方式。②所属各县经济发达，都是"小老虎"，但是苏州市区的中心性和影响力不大。③苏州是个历史古城，又是江南水乡（著名水城），需要有独特的发展方式和城市形态。因此，苏州市域城镇体系规划有一定难度。

苏州城镇体系规划的基本思路是：①依托上海、服务上海、错位发展，但当时受制于行政区划，此提法在省内有不同意见；②借鉴中心—外围理论和卫星城建设观点，发挥各县的积极性，在提升苏州市区中心性的基础上，构筑市区和各县市共同协调发展的有机整体；③深入研究苏州古城、新城和苏州工业园区的功能分工、产业结构、空间特色和发展方向；④协调整合城区、古城、苏州工业园区、新区、南部吴县、北部郊区等周边的开发区"四处出击"的无序态势，明确发展重点，构建合理空间结构。在苏州市域城镇体系规划中，针对传统的将交通、电信、电力、给水排水等分列阐述的状况，提出了"支撑系统"的整体概念予以统一，也被规划界所采用。

（2）宜兴市城镇体系规划

宜兴市位于太湖以西，是宜溧山区的一部分，面积1997平方公里，人口125万人，是无锡市下辖的一个县级市。宜兴是一个历史悠久、经济发达（稳居全国经济百强县前十名以内）、风景优美、文化底蕴深厚的县级市。由于我在"文化大革命"期间因参与修建小水电站而居住在此长达一年之久，所以对宜兴有所了解。加之时任宜兴市规划局局长朱乾辉曾在南大培训学习过（朱局长是一名对规划十分敬业、执着的干部，为了规划的严肃性曾多次敢于对上层的干预表示异议，后因其对业务的熟悉而留任）这层关系，本着对这个城市的喜爱，我们承接了宜兴市城镇体系规划的任务。宜兴市城镇体系规划的做法包括以下几个方面。

①充分研究宜兴市城镇居民点的演变历史，特别从历史上的七大镇（旧行政区划中，对大县设县派出机构——区，区所在地的镇均为较为发达的大镇，宜兴县原有7个区）到现在小城镇布局的变化，都作了深入的调研，构建了一个以龙背山为绿心，宜城、丁蜀为双核，与历史格局相呼应的城镇居民点体系。

②重视自然山水、环境的培育与保护。宜兴低山丘陵占全市大部分面积，郁郁的密林垂竹构成全市的绿色图景。但在乡镇工业化时期，许多石灰岩山地因开采而景观破败，且因石块在运输中掉落而交通事故频出。我们提出"保护山林，关闭宕口（采石），培育环境"的意见，为时任市委书记所接受，并当即指定计委主任落实。同时，对工业发展导向（轻型、环保）、太湖保护及与浙江交界县（广德）的山地维护提出明确的建议。

③彰显宜兴文化。宜兴文教事业兴盛，状元、名人辈出，是著名的"教授之乡"，地理学界即有不少宜兴籍教授学者。其又是著名的紫陶产地，宜兴紫砂茶壶全国驰名。紫陶文化和制陶艺人成为文化遗产的传人。规划对文化遗址、书院、紫砂资源、制陶古窑的保护，以及制陶业的整合、提升和制陶技术的传承都作了全面的安排。

④宜兴中心城区——宜城的发展研究。作为中等规模城市的主城区，很少有像宜城这样的得天独厚的人居环境。主城北面分布有自西向东可达太湖的"东氿""西氿""团氿"这样连绵分布的长达21公里的大片水面（"氿"类似湖泊，水由侧面流入而成的蓄水水面）。但是，当时沿氿边一排建筑阻挡了人们的视线，割断了水面与人们的联系，浪费了可贵的资源。于是我们提出了拆除临氿建筑，敞开水面的设想（临氿的街面正是宜兴主城的繁华地段）。嗣后，21世纪初，东南大学王建国教授（现为院士）进行了凸显三氿、拆除建筑的城市设计，使主城北望一泓水面，一览无余，向南龙背山地错落起伏，成为国内城市少有的景观特色。该设计使宜城成为水城相依、山城相融、尺度相宜的文化宜居城市，受到时任建设部副部长周干峙的赞赏和规划学界的肯定。

⑤村庄的研究。一个县的城镇体系实际上是城乡聚落体系，村庄是最基层的居民点（聚落）。村庄作为城乡聚落体系的组成部分，在宜兴很有特色。宜兴北部为平原，南部为山丘，平原地区城镇密布，山丘地区村镇相对分散。由于良好的气候条件和山体环绕，农林业均较发达，加之乡村工业和手工业基础，使村庄均较富裕，环境优美，外出打工者较少，呈现出一幅和谐富足的乡居图。村庄的发展基础重在提升环境质量、提升基础设施和公共服务设施水平，而不是布局调整。新型城镇化研究，以生态优先、以人为本为新理念，而宜兴的城镇化是最符合此理念的。

（3）大理白族自治州城镇体系规划

21世纪初，云南省多地广泛开展城市规划和城镇体系规划，大理白族自治州（以下简称大理州）规划局由于对原编制单位规划成果不满意，从而邀请南大编制城镇体系规划。南大师生除1960年代初因橡胶宜林地的选择而对云南省南部五州区进行考察，和1990年代"自下而上城镇化研究"到过昆明、玉溪进行调研外，对云南省的规划工作接触较少，对于此项任务比较重视。我和朱喜钢（在职博士，后留校工作）及一批能力较强的硕士研究生（孙娟等）一起承担这项任务。大理州是一个州市分属的白族自治州，面积近3万平方公里，人口330万，下辖有1市11县，自治州州府在大理市。对于这个西部民族地区的大理州规划，我们采取和中部腹地、东部沿海城市不同的规划思路和做法。同时，也领略了在风光如画、人文和美的地区进行规划的乐趣。

①明确对省域发展态势的基本判断下的规划思路。由于云南省特殊的区位和生态环境，它有着保环境、保生态、保民族文化的特殊责任。因此虽然其也处于工业化的阶段，但不会采取像东、中部地区那样在增长主义思潮下对资源环境攫取的扩张型发展模式。大理州地处滇西，又因"苍山洱海""风花雪月"的自然、人文美景为世人所熟知，再加之因电影《五朵金花》而驰名的白族风情，在国人心中留有深刻的印象。因此，其开发和保护兼顾，把保护（生态和文化）放在重要突出地位。

②大理州地域广阔，自然、经济、人文、历史、城镇发展的地区差异较大。大理是滇西的中心城市，现代化程度较高，而下属县城建制镇则相对较差。但它们也各有特色（或因交通地位，或因历史遗存）。我们去过巍山县，是距大理州首府很远的县。巍山古城始于元代，明代建城，明清建筑风格保护很好。城市格局相对齐整完好，也有一定的设施和经济发展，很有价值。我曾笑称，可算是"北有平遥，南有巍山"了。因此，我们构建的城镇体系不在于规模和经济总量大小，定位更着重于其特色、功能和专业性。

③大理市是整个州体系的中心，兼容经济、人文、山水、历史资源，是一个颇具特色、十分难得的城市类型。大理市有新、旧两城，大理古城更受外来（中、外）人口青睐。这里有一条洋人街，十分热闹（包括夜间）。店主人有中国人也有外国人（我们也与他们交谈、调查）。这里中、西餐饮皆有，更常见的是临店铺设餐桌、长椅，人们三三两两，边吃边谈，或摆一排土特产品、工艺首饰，顾客可任意挑选，一番热闹景象。大理新城则以风景著称，一泓洱海，牵动多少市民游客。因此，我们的观点是：保护古城，弘扬文化，维育洱海，控制周边开发，爱护苍山，严禁破坏，使山海相映，永续发展。同时，对洱海的维育保护提出明确的建议。

④产业以轻型工业、无或少污染产业、环保产业、旅游（包括手工艺）和文化产业服务业为主，旅游业要打出大理品牌（特别是历史文化品牌——"大理国"），和丽江共同组成云南省的金牌旅游目的地（图5-3）。

大理州城镇体系规划得到州政府的重视和好评。在大理州城镇体系规划后，朱喜钢又承接了"滇西中心城市总体规划"的任务，其视野、观点、内容和结论在审查专家评审中得到普遍赞赏和好评，也由此确立了南大规划学者（朱喜钢）在云南省的地位和影响。

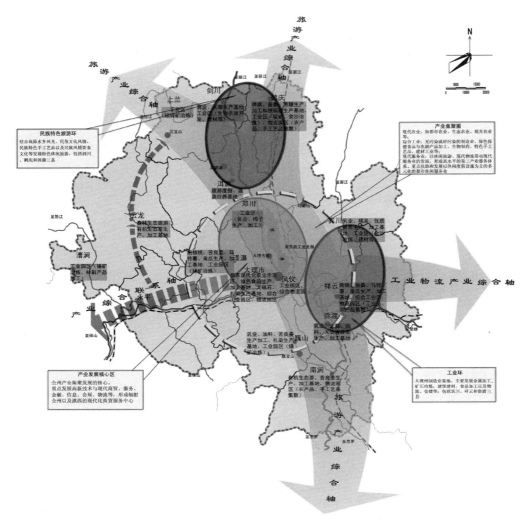

图 5-3　大理州产业空间布局结构图
资料来源：南京大学城市规划设计研究院. 大理州城镇体系规划（2003—2020），2004 年

5.3　概念规划（战略规划 1.0）

1980—1990 年代，城市总体规划编制中的规划期限一般为 20 年，以 5 年为近期规划或行动规划，作为规划实施的重要举措。嗣后，在国际交流中，特别是新加坡的规划中有"X"年规划的说法，意思是可以展望更远的时期、更大的畅想，称为"概念规划"，并作为总体规划的重要依据或引导。新加坡据此建立起 10 年编概念规划、5 年编总体规划的稳定的规划编制体系。2000 年时值新千禧年的到来，中国全球化步伐加快，参与世界城市体系、建设国际化城市的诉求加剧，中央果断调整广州市的

行政区划，撤番禺、花都两市改为区，为广州发展提供重要契机。2000年，广州市政府作出编制广州市战略规划的决定，并选择了国内著名的五家规划院——中国城市规划设计研究院、上海同济城市规划设计研究院、北京清华城市规划设计研究院、深圳市城市规划设计研究院、广州中山大学规划设计研究院进行规划方案的编制，然后通过专家评审（我也参与其中）确定最终采用方案。最后，中国城市规划设计研究院（后文简称中规院）的方案获胜。

广州战略规划开启了我国规划事业的新局面，提出了很多新的理念、新的思维、新的内容、新的方法，为全国开展此项规划作了示范。对于广州战略规划的创新，我个人作为评审专家有以下几点感想。①拓宽规划的视野。把城市的发展放在全球、全国的角度来考量、对照，适应全球化的趋势，并从理论上拓展"以区域论城市"理念中的区域尺度，以全球化视野来判定城市的定位和方向。②开拓了规划思路。规划期限展望到2050年，为规划人员判断未来经济、社会和城市的发展趋势提供了科学思考和畅想，也提升了规划人员自身学习的要求和科学的追求。③开创性地提出了涵盖城市各空间方向的发展路径，改变了以往规划对城市未来空间发展的单一路径，既确定了以东和东南为主要方向，又确定了空间布局，即南拓、北优、东进、西联的基本取向（图5-4），构建了整体的城市空间结构，成为全国各城市仿效的范例。尤为值得肯定的是，在时任市长林树森的重视下，广州市还在三年后召集专家对战略规划进行了回顾和再评估，这也是我国以往规划中没有的。

自广州战略规划拉开了战略规划的序幕后，全国各地的城市（特别是地级市以上）都开始了战略规划的编制。2001年，南大与中规院、上海市城市规划设计研究院三家单位应杭州市政府邀请参加杭州市（萧山市撤市改区后）战略规划编制方案竞选。

我接触战略规划始于1980年代。1988年，我读到了《无锡地区发展的基本战略研究》一书。这本书由位于日本联合国开发研究中心的市村真一教授等撰写，他们借鉴日本广域圈的概念，提出"从广域谈城市"的理念，提出对无锡社会经济发展和空间开发战略设想。1990年代初，我又从德国斯图加特大学彼得·特劳纳教授的《扬州城市战略发展研究》中学到战略分析和动态定量分析的知识，我认为战略规划对城市未来发展是非常重要的。因此，我非常重视杭州规划。一来，这是南大作为理科背景规划单位体现其综合性特色的重要机会；二来，浙江是我的家乡（我是宁波人），杭州是一个国内外著名的城市，编好这次规划，对于提升南大在规划界的地位和扩展浙江市场、国内市场有重要作用。因此，我对此次规划作了如下周密的安排。①从城市形成发展的基本要求出发，开展对自然、经济、历史、文化、政策等方面的全面分析

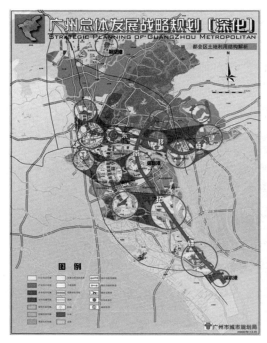 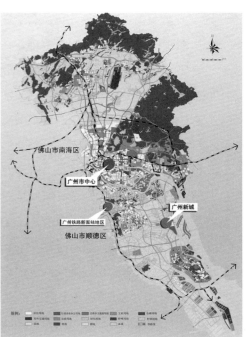

图 5-4 广州市空间发展战略示意图
资料来源：广州市规划局．广州城市总体发展战略规划，2000 年

研究，真正发挥综合性的特点。②组织精兵强将的规划队伍。除了本系的老师外，专门邀请江苏省委政策研究室副主任范朝礼、南京地理研究所陈雯研究员、南大商学院经济系老师周诚君等一起参加调研和规划编制。③展开了密集、深入的野外调查、部门访谈、资料收集、内部交流，务求"三据"（论据、证据、数据）充分、观点鲜明（各抒己见，达成争辩下的共识）。林炳耀老师为了亲身感受杭州文化的内蕴，独自一人到虎跑泉泡了一壶龙井，实地体验和思考了半天。④认真编制规划文本。从大纲、内容、表述、文字、图件都经过充分讨论，斟酌定稿。最后，三家单位（南大张京祥副教授、中规院王凯副院长、上海院黄吉铭副院长为代表）向时任市委书记王国平、市长仇保兴及专家组（建设部副司长赵士修等）汇报，一致同意南大方案。总结南大的杭州市战略规划的特点和成果，包括：①直面问题，深入剖析了杭州发展中的经济、社会、空间、文化问题，尤其分析了杭州自南宋建都以后的文化影响，反映出市民社会心态中偏安一隅的杭州"醉文化"状态。此观点一经报刊报道后，大大触动了领导和市民。市委书记王国平说，意见虽然很尖锐，但切中了要害（大意）。②提出了包括理念认知（城市竞争新法则）、目标愿景（人间天堂新理想）、产业路径（四个战略性转变）、都市空间（突破性的整合重构）、体系创新（城市经营和可持续性发展）的

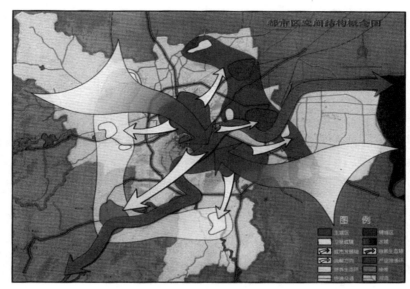

图 5-5　杭州市都市区空间结构概念图
资料来源：南京大学城市规划设计研究院．杭州市城市发展概念规划，2001 年

较为完整的规划和五大策略。针对杭州历来发展囿于西湖的局限，萧山改区后钱塘江东岸具有广阔空间的现实，明确提出杭州发展从"西湖时代走向钱塘江时代"的目标和导向，并提出在钱塘江两侧建立现代化城市中心，实行"双核拥江"的空间构造和拥江发展的大格局（图 5-5）。这一思想和观点被历任政府所接受和沿用。③"城市以功能比强弱，以文化论输赢，以空间视优劣，以环境定胜负"的城市竞争法则在今天看来仍然是高位和适用的。④城市空间发展的前瞻视野和结构设想。经过项目组多次锤炼，尤其是邀请专家（如省委研究室范朝礼副主任）的审润把关，规划文本的文字既精炼又顺美，得到评审专家的赞赏。规划文本公示以后，各规划单位争相阅读和学习，产生了很大的影响。时任南京市市委书记李源潮和市长罗志军曾率领代表团去杭州学习考察，杭州市委王国平书记介绍了杭州市战略规划，最后说这就是你们南大编的。随团的魏竹琴副秘书长（我系毕业生）在考察途中即告知我们这个讯息，使我们备受鼓舞。这提升了南大规划在南京发展、规划编制工作中的地位和影响，我也因此长期受邀参加规划指导咨询，并被聘为政府顾问。

嗣后，我们又承接了一系列战略规划的任务，当时正值我的一批博士生毕业，因此采用由我指导、博士毕业生为项目负责人的方式开展战略规划，所做项目包括福建泉州规划（朱喜钢负责）、浙江嘉兴战略规划（徐逸伦负责）、台州战略规划（王红扬负责）。这种方式一来有助于他们能力的培养；二来有助于他们通过实践更快地在规划界打开局面，有所影响；三来能够为我减少很多具体工作，我仅负责把关，有利于用更多的时间思考。

5.4 城乡一体化规划

在建设部重视区域规划，城市化推进和城镇体系规划广泛开展的背景下，城乡关系引起广泛关注。由此，一种新的规划类型就出现了。1999年，我们接受了浙江省建设厅的委托，开展温岭市城乡一体化规划，作为全省试点。时任规划处处长丁夏君（杭州大学78级规划专业学生）向我们转达了建设厅对规划编制的各项要求。我带领张京祥（博士生）、朱磊（硕士生，温岭人）承担了此项目。城乡一体化规划对我们来说还是新课题，虽有理论认识但缺乏实际的锻炼。我们得知中规院沈迟（我校80级学生，现为国家发展与改革委员会城市与小城镇研究中心副主任）曾做过广东南海城乡一体化规划并获得好评，于是我们专程去南海学习。

温岭是一个县级市，属台州市管辖。台州是继温州以后，我国又一个思想活跃、开放意识强、勇于创新实干的地区。温岭位于台州市区南部，临海，北接台州市路桥区，南连玉环，西与温州乐清相邻。市域面积925.8平方公里，海域14960平方公里。因距杭州、宁波等中心城市较远，又没有铁路，因此台州市路桥机场成为温岭对外联系的重要门户。温岭市地形复杂，依山傍海，山丘平原相间，分散化（企业、村落、人口）是温岭市的重要特征。温岭市城镇发达（全市有26个镇），人口众多（1998年人口为112.8万），是国内人口密度最高的县之一，民营经济、镇村企业活跃（钱江摩托是外贸出口的著名品牌之一）。全市以五大镇为中心，26个镇形成了城镇体系。市区太平镇十分繁荣，夜间消费也十分兴盛，城镇建设迅速，一些新建的欧式街区也具有现代化特色。房地产业兴旺，已经出现了"买图纸"现象（即按房屋的设计图纸购房），房价与中等城市相近。在这样一个乡村经济活跃的地区如何进行城乡一体化规划，对我们确实是一个考验。我们根据南海县的经验、对城乡一体化的理解，以及温岭实际，首先对规划含义进行解读：城乡一体化是城乡融合的一种理论模式；城乡一体化规划实质上是在综合考虑城乡关系基础上的空间整体协调发展规划；城乡一体化是对城乡发展空间、生态环境的具体布局安排。在城乡融合论指导下，构筑与经济、社会、生态相匹配的城乡建设环境，实现空间布局上的

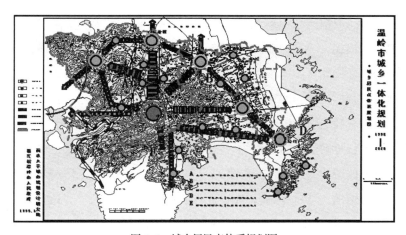

图 5-6　城乡居民点体系规划图
资料来源：南京大学城市规划设计研究院.温岭市城乡一体化规划（1988—2020），1999 年

整体协调，达到城乡共同发展、共同繁荣的目的。其次，重新认识人地关系的重要性。我们在当时即提出了"以人为本、以空间为重点、以现代化为目标"的原则和"区域整体发展、可持续发展和人本主义"的先进理念。再次，提出城乡一体化的基本内容是构造城市与乡村在经济、社会、生态环境以及空间布局上的整体协调，形成自然—社会—经济复合生态系统；最后，根据"低小散"的现状特点，提出空间地域的集中（工业向城镇工业小区集中，居民向城镇居住小区和中心村集中，农田向规模化经营集中）和分区规划（全市划分为五个空间分区，分别对各区空间特征、空间演化、空间配置进行具体论述）的方案（图 5-6）。在规划中，还对城乡一体化模式、城镇发展、城镇化和城镇体系发展战略、城乡发展建设与土地保护协调、城乡空间协调进行战略性分析，提出三类（城乡紧密一体区、城乡网络联系区、城乡相对独立区）的市域城镇空间战略格局。温岭市城乡一体化规划取得了很好的效果，得到浙江省建设厅的好评。继而我们陆续又承接了温岭市城镇体系规划、温岭市综合交通规划的任务。

5.5　县域规划

1998 年，我去建设部办事，时任规划司副司长何兴华对我说，想请南大编一个县域规划作为试点，并在此基础上，制定一个《县域规划编制办法》，在建设部即将召开的大会上推出，并将在二三十个县试行。接到这个委托，我非常高兴，也感谢部司的信任。回南大后，我与时任南京市规划局局长何惠仪商议，建议选江宁县为试点。

何局长非常支持,很快与江宁县落实。为了更好地吸取其他城市的类似经验,我知道北京市的卫星城镇建设不错,就与何局长、江宁的杨永清局长一起到建设部规划司汇报了工作设想,并去北京市城市规划设计研究院学习。院里王东总工程师(东南大学毕业)热情地与我们分享了北京卫星城规划建设的经验。回来后,我们开始了江宁县域规划工作。江宁县域规划由我负责,张京祥作为主力承担规划任务。

县域规划是一种基层的区域规划,在区域规划体系中具有基础性作用,在促进城乡一体化、城乡协调发展中有现实的意义。在中国还缺乏大规模区域规划时,这个试点是很有探讨价值的。1980年代早期,江苏省规划院就编制了江苏省昆山县域规划,1980年代后期南大在湖北宜昌也结合国土规划编制了县域国土规划,河南省也开展了此项工作。河南省地理所刘东海(地理系毕业)还编著出版了《基层国土规划》。随着国土规划工作的停止,县域规划工作也相应停止。因此,本次规划是新形势下的一种尝试。

江宁县是南京市的近郊县,是历史上一个著名的县。江苏省省名即取江宁的"江"和苏州的"苏"组合而成。江宁县地域广阔,从北、东、南三面包围了南京市区,人口较多,历史上以农业为主,县城东山镇在南京市区南部。改革开放后,当地政府抢占先机,自主建设了开发区后获批为国家级开发区。其由于区位、空间、交通和成本等优势,发展迅速,开发潜力很大。江宁县县域规划按照区域规划的要求、空间规划的内涵、建设部组织的特点(突出县域城镇体系规划),依据其与南京市区的关系(1999年后江宁撤县改区)、江宁县实际进行全面规划(图5-7)。

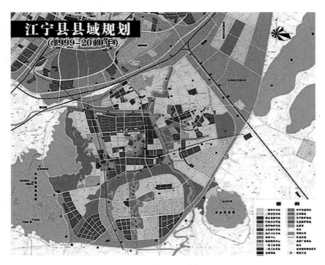

图5-7 江宁县县域规划图
资料来源:南京大学城市规划设计研究院.江宁县县域规划(1999—2010年),1998年

这项规划明确以科技为先导，以可持续发展为目标，提出一二三产业协调发展，经济发达，社会和谐，环境优美，城乡共同繁荣，与南京主城构成整体的高度城市化地区和发达的经济区域的江宁发展新目标。规划着重于县域空间部署，从县域城乡社会、经济、环境整体协调发展出发，通过空间供给、分区发展限制准则制度等措施，实现社会经济发展在空间上的具体落实。同时，协调规划的地方性、时期性，作为政府对社会经济及环境发展的基本调控手段。在南京市、江宁县政府和南大的共同努力下，江宁县域规划编制完成。时任建设部规划司司长陈晓丽亲自率专家组参与评审。规划得到了积极的好评，认为其提出了符合新的时代背景的县域规划的理念、编制的体系与方法，规划提出的空间规划体系对其他规划具有借鉴和参考价值。在规划基础上，南大还编制完成了《县域规划编制办法》送审稿送交建设部。后因区域规划在职能上属于国家计委，由建设部来推广《县域规划编制办法》不合适，而改为《县域城镇体系规划编制办法》。建设部为贯彻国务院办公厅《关于加强和改进城乡规划工作的通知》精神，加强县域城镇体系规划编制工作，下发了《县域城镇体系规划编制要点（试行）》，要求在乡村城市化试点县（市）认真实施，其他县（市）可结合当地情况参照执行，并在南京举办县域城镇体系规划研讨班。此事颇令我们无可奈何，既感到建设部欲推动（区域规划）而无权，又觉得国家计委应推动而未顾，在一定程度上影响到我国区域规划事业的发展。

5.6 国土规划2.0

1998年，国家机构改革，成立国土资源部，将国家计委的国土规划职能划归国土资源部。但国土资源部的重点是"管地"，重视的是土地利用总体规划。其管理人员的专业构成也缺乏熟悉宏观、区域性空间规划的干部。因此，自1990年代初国土规划停滞后，国土规划工作长期无人过问。应该说，这是我国规划工作的一大损失。所以，当2001年又提出编制国土规划时，曾编制过国土规划的我们也甚为欣喜。因为我们和深圳规划院有科研合作关系，深圳市就委托我们承担深圳市国土规划工作，主要负责"国土空间结构和布局"这一部分的任务。

第二轮的国土规划是一种试点性的规划，并非在全国展开。其先是选择两个城市（深圳和天津）为试点，估计其原因之一是深圳和天津均有国土和城市规划合一的机构——国土与城市规划局，便于协调。后又选择广东、辽宁两省，但后来又停了。深圳市国土规划由我带领沈洁文、朱喜钢老师和一批硕士生中的精兵（如孙娟等）参与。

深圳、天津两个试点城市国土规划的做法有很大不同。天津市偏于传统的（类似第一版）国土规划的做法（包括内容）；深圳市则偏于开拓性，如规划期限为2020年的深圳国土规划的标题即为"通向人地和谐发展之路"。

和第一版国土规划多偏重在国土资源少开发和开发不足的地区不同，深圳、天津都是开发已久的城市地区。因此，它的重点在于国土开发（城市发展）与资源环境的矛盾，是带有问题导向性、空间重组性的战略性规划。因此，南大承担的部分就成为规划的重点。我们在城市发展目标（特大城市、生态城市、可持续发展城市）和五大空间主题（空间结构、空间形态、空间组织、空间管治、空间整合）的基础上，提出空间布局和规划及空间引导与策略，取得很好的效果，并首次提出深圳市空间管治分区（拥塞抑制区、优先开发区、引导管理区、控制开发区和禁止开发区），应当说还是颇有价值的。此内容后被写成《深圳国土空间规划研究》（孙娟，崔功豪）一文，发表在《规划师》杂志上。

5.7　设市规划——新的规划类型

这一阶段，还有些规划工作是很有意义的，如设市规划。行政区划是国家行政管理的重要手段、国家治理的重要组成部分，也直接关系到城市的发展和城市规划。但我国过去对区划工作认识不足，只是通过研究或规划，就事论事地对需要调整的行政区划（镇、乡、市、县）建制提出意见，报民政部再审批，缺乏对整个区域（省、地）根据城市化进程、区域经济发展，对城市的设置、调整进行的安排、研究和全面的预判。而从全国而言，也缺乏一个对全国城市发展数量、布局的总体设想。从当时来看，无论学术界和政府部门都没有意识到全国设市规划的重要性和必要性。1990年代初，在由兰州市副市长任上调至民政部行政区划与地名管理司任司长的张文范的牵头推动下，行政区划研究工作大规模展开，主要针对当时设市（县级市）标准过低、各地竞相改市的问题开展全国各省区的设市预测和规划工作。制定了新的设市（县级市）标准，根据各省城市化和城市发展需求及各县的具体条件和经济社会发展前景，制定设市（改市）的数量、时序和空间布局。这是新中国成立以来的第一次，可能也是国际上的第一次，显示了计划经济的思想和特点。张文范司长是一个标准的西北汉子，高大魁梧，豪爽但又热情谦逊，对学者非常敬重，对地理学者尤为倚重。为更好地推进这项工作，民政部成立了"中国设市预测和规划"领导小组（胡序威为副组长）、课题组（吴传钧、宋家泰为顾问）、中国行政区划研究专家委员会（包括我在内的很多地理界专家为委员），并在华东师范大学专门成立了"中国行政区划研究中心"，由刘君德教授任中心主任，设市预测和规划工作在全国轰轰烈烈地展开。从1990年山东省试点起，各省陆续进行。1995年完成"中国设市预测与规划（1995—2000）"（胡序威主持），对全国1700多个县级行政区、165个重点县进行分时段、分省区的综合评价排序和城镇设市条件研究，完成了城市化水平、设市数量、设市时序、空间布局等重点问题的预测和规划。该项成果经民政部组织的鉴定委员会鉴定认为："确立了一套具有我国特色的设市预测和规划理论和方法，达到了该领域的国际领先水平。"我也有幸成为行政区划研究专家委员会的成员，与民政部张文范司长和专家一起考察、评审了若干省的设市预测规划工作和最终成果鉴定，从中也获益颇丰。其也为为参与各省市的城市规划工作提供了有益的借鉴。

第6章 规划教学改革与转型

6.1 两个委员会的建立

1990年代在中国城市规划教育史上是一个重要的时期。我认为有两件重要的事是应当记录的。第一是建设部受教育部委托成立了全国城市规划专业教学指导委员会。面对国家城市规划的蓬勃发展和城市规划人才需求旺盛的形势，全国各学校（工科、理科、综合性、师范、农、林、水等专业）都相继设立城市规划专业（或近似专业）。1980年代教育部在讨论地理学专业设置时，经济地理专业已全面转向城市规划，自然地理专业服务于国土规划以及土地、水资源开发等方向。此时教育部地理学指导委员会主任是我系的王颖教授。为了适应这些专业的人才培养需求，指导委员会（我参与其中）在讨论专业目录时（教育部规定，只有列入部专业目录的专业才可以招生）从应用服务社会的角度出发扩大了专业名称，改为"资源环境与城乡规划管理"专业。这个专业名称涵盖面广，也为后来农、林等资源性专业院校设立城乡规划专业提供了依据。据统计，那时全国已有上百个城市规划专业或专业方向。为了提高城市规划人才培养质量、统一教学体系，受教育部委托，建设部成立城市规划专业教学指导委员会，由全国主要规划人才培养学校和规划设计单位的专家组成（南大规划系也先后有曹荣林、顾朝林、徐建刚参加了指导委员会）。城市规划专业培养教学体系的建立，明确了已有的工科、理科规划人才的培养模式，制定了既有统一、又有学校自主的教学安排，规定了城市规划专业十门核心课程（第一批包括城市地理和区域规划）。为了检验城市规划专业的办学条件和办学质量，结合注册城市规划师制度的建立，成立城市规划专业教育评估委员会（由高等院校、规划设计单位、城市规划管理单位专家组成，南大是评估委员会的成员之一，先后有我、张京祥代表南大担任委员）。委员会每年对符合申报条件的学校进行评估，申报条件是：①五年制工科专业；②已有一届五年制本科专业毕业生，评估考核分本科专业与硕士专业两类进行。评估考核结果分为四个档次：一是通过评估合格的资格有效期6年免考核，二是合格有效期4年，三是评估基本通过、合格的资格有效期为有条件的4年，四是评估未通过。这个委员会的设立对各校城市规划专业的发展起到了重要的督促和警示作用。

我一共参加了两次评估。第一次是哈尔滨建筑工程学院，由时任上海市规划局总工耿毓秀任组长。哈建工是建设部系统建筑、规划专业的"老八校"之一，师资力量雄厚，但偏重于建筑和城市设计，城市规划较为薄弱。评估过程较为繁复，不仅需要听取学院的全面汇报，还要审阅各种教学文件、计划、教材和学生作业、论文等，同时举行各种座谈会（教师、学生、历届毕业生参加），确实对专业教学作了全面的检查和评估。学校也很重视，校领导接见和听取了评估专家的反馈意见。哈建工最后评估结果为6年免检。我在哈建工也认识了很多老师，如城市设计的郭恩章老师等，也在晚会上欣赏了哈建工学生多才多艺的表演。

第二次是华南理工大学。其同样是建筑规划名校，有何镜堂院士任教，师资力量和教学科研成果也相当不错，建筑设计胜于城市规划。最后其也获得6年免检的评估结果。

6.2　从理科转向工科

在全国规划学科的改革转型时期，南大的城市规划也面临新的考验。南大城市规划是经由理科经济地理（1977年，城市与区域规划方向）—经济地理（1982年，城市与区域规划专业）—城市规划专业的进程而发展起来的，但一直是理科背景的4年制城市规划专业，在规划界享有一定声誉。当时，我们面临两个挑战。其一，教学指导委员会已按工科专业统一了城市规划的教学体系，而评估委员会规定只有工科规划五年制才能参加评估。其二，为了规范全国城市规划行业城市规划工作的质量，学习引进西方（主要是英、美）的经验，建立注册城市规划师制度。通过全国统一考试，合格者获得注册城市规划师资格（一些老专家和规划管理部门对规划业务很专长的领导不需考试，直接授予"特许注册城市规划师"资格，我也是其中之一）。注册城市规划师的资格和数量将是从事城市规划工作和规划设计单位申请资质的条件之一。例如，城市总体规划编制的项目负责人必须具有注册城市规划师资格，而规划单位的甲、乙、丙行业资质的评定与注册规划师数量有关。而且，在注册城市规划师报考条件中，工科五年制专业毕业生，毕业一年后即可申请注册规划师资格考试，而非工科五年制则需两年后才能申请。为了坚持专业服务城市规划的方向，南大城市规划专业也改为五年制工科，进入了南大城市规划学科改革的又一阶段。

南大城市规划专业改为五年制工科后，在国内地理与规划界产生了一定的影响，主要的疑虑是如何保持理科特色。我们经讨论研究认为，第一，现有统一的工科城市规划的教学计划核心课程中已列入城市地理和区域规划两门，体现了理科背景的重要内容，并且明确各校可根据自己的特点，在课时和课程设置上灵活调整。在我们的工科专业的教学计划中依然有不少的地理课程，如经济地理、人文地理，而实践训练中仍保有综合分析、区域分析的特色。第二，南大是研究型大学，它的人才培养重在研究生，其质量反映南大水平。而我们也把地理特色体现在研究生课程设置上，通过必修课和众多的选修课充分体现理科特色。

6.3 城市地理教学

自1986年访美回来后，我在1987—1989年担任南大地理系副系主任（王颖任主任），负责除教学（孙亚梅副主任）和外事（王颖兼管）以外的全部系务工作（包括科研、研究生培养、行政、保卫、消防、计生、实验室等）。因此，两年内，我没有承担任何规划项目和科研项目，全心全意辅助王颖同志做好全系的工作。我主要的教学任务有所变动，重点是讲授城市地理课（本科和硕士生）和关于城市规划、区域规划的专题讲座。

城市地理学既是人文地理课程体系的重要组成部分，也是城市规划关于城市知识和规划的理论基础之一。改革开放以后，自南师大老一辈地理学家李旭旦教授倡议"复兴人文地理学"以来，城市地理学是我国人文地理学发展最快、影响最大的分支学科。1994年由许学强教授提议，中国地理学会批准成立"城市地理专业委员会"。首届委员会主任为许学强，我、沈道齐、周一星、叶舜赞、顾文选、宁越敏等为副主任，闫小培为秘书（图6-1）。城市地理专业委员会团结了全国在城市研究、城市地理方面的工作者，在推动城市规划方面发挥了重要作用。南大作为城市地理学研究的主要单位，顾朝林、甄峰相继担任了专业委员会的主任。在南大由经济地理转向城市规划方向以后，我就开始关注城市地理学。看到当时在国际地理学大会中有关城市方面的论文报告占地理领域的主要部分，我自己也深感这方面知识的欠缺，需要学习。因此，我先通过开设城市地理讲座作为教学任务，充实自己这方面的知识，其间读到了于洪俊、宁越敏两位先生编写的《城市地理概论》一书，甚有收获，更进一步激发了我研究城市地理的志趣。在美访问期间，我收集了各种版本的有关城市地理的教材和学术

图6-1 第一届城市地理专业委员会组成人员在2013年国际研讨会上合影

著作，向学者们请教、交流有关城市地理的问题，通过对美国城市的实地考察和调研，加深了对城市发展规律和趋势的认识。我回国以后，于1989年正式开设城市地理学课程。这时，中山大学许学强教授和香港中文大学朱剑如教授合著出版了《现代城市地理学》一书，我也获得了美国加州州立大学北岭分校（洛杉矶）王益寿教授在陕西师范大学讲授城市地理学的讲义（北岭分校和陕西师大为交流学校），都给了我很大启发。这也激发了我编写一本具有南大特色、记录自己感受的《城市地理学》的兴趣。我利用自己的讲课笔记、在国外收集的各种版本的城市地理著作、国外学习交流讨论的整理总结、南大在城市研究方面的成果，同时结合我在城市地理学教学中的三条思路：一是将城市、城市地理、城市规划有机联系起来，适应理科城市规划特点；二是尽可能介绍、评析国外城市地理的研究成果、研究观点和研究方法，以求了解国际水平和取得研究的共识；三是尽可能介绍自己在国外所见所闻的城市发展实际、问题和规划做法，以及与国内城市的对比进行写作，并邀请同教研室的王本炎和南师大的查彦玉共同编写了《城市地理学》一书（图6-2）。

这本书突出了系统性、全面性和应用性。全书共六个部分，包括城市（概念和形成发展）、城市化、城市空间（空间布局和地域结构）、城镇体系（体系和体系规划）、城市生态环境（大气、水、噪声）、新城建设，共九章构成。内容涵盖了概念和规律、

图 6-2 《城市地理学》
注：崔功豪、王本炎、查彦玉编著，江苏教育出版社出版，1992 年

历史和趋势、国际和国内、理论和应用，并对一些重点（居住空间、制造业、商务区结构）和热点（居住隔离、发展预测、卫星城建设）问题作了阐述和评析。根据南大对城市空间结构的研究，总结提出了城市空间地域的三大结构，即形态与内部结构、城市边缘区—城乡结合部结构和城市外部结构（城镇体系结构）。并尽可能结合城市规划的需求，如空间布局、地域组织、发展预测、总体方案选择、体系规划（江苏实例）等。本书兼具教材和专著的特点，既系统整理了南大教学科研和实践，也为国内城市地理研究和出版增添了新的成果。

自 1987 年初次访日，我于 1988 年第二届亚洲城市化国际会议期间和随后的多次去日本讲学考察中，结识了不少日本学者，阅读了日本有关城市地理的学术成果，对日本的城市地理研究颇有感触，也有些粗浅的认识。①日本城市地理老一辈的学者木内信藏的《城市地理学》是在日本堪称经典的著作，嗣后山鹿诚次的《城市地理学》（我国曾有他的译本，但因译者缺乏专业知识，译作水平较差，我在访日时曾与山鹿交谈，告知此事，他也赠送了我一本他的原著），都对城市地理有较为系统的介绍和结合日本实际的新见解。山鹿诚次的《城市调查法》（铅印本）给我很多启示。在调查城市的影响圈（包括通勤、生活）时，我们一般均以中心城市为主，调查其外围城市与中心城市的依存关系，以时间衡量距离，以其联系形式及其程度（如通勤、城市报刊订阅、汽车班次、电话通信等占联系总量的比例等）来确定影响范围。山鹿指出，这只是从中心城市视角出发的一个方面，还应该从外围城市本身的对外联系程度来对比。如一个外围城市对中心城市的通勤就业占总外出就业 15% 就被认为是中心城市的吸引范围，而实际外围城市与周围另一城市的通勤度达到 30% 甚至更多，则就该外围城市而言，更属于另一城市的吸引范围。这个方法被运用在后来我们的城市调研中，虽然加大了外围城市的调研量，但科学性、真实性大大提高了。②日本是都市圈概念的首创者，对都市圈研究相当深入。东京大学的高桥伸夫是日本都市圈研究的专家，他所著的《日本三大都市圈》（图 6-3）在国际上都有很大影响（我曾和他当面交谈过）。我在 1990 年代初南京城市总体规划中提出南京都市圈，也是受日本观点的启示在国内首次提出。以后又用之于《江苏城镇体系规划》，划分江苏南京、苏锡常、徐州都市圈，三者又分别编制了都市圈规划，分别获全国城市规划优秀设计一等奖，并为国内其他大城市所借鉴。③日本的城镇体系研究也颇具特色，尤其是中生代的阿部和俊教授（京都大学）的研究。阿部教授是一个十分勤奋、敬业的城市地理学者，还自费创办了日本《城市地理》杂志。我和他因参加 1988 年第二届亚洲城市化国际会议而结识，又因我的面相颇似他的父亲（据阿部称）而使他对我倍感亲切。在有一次访问日本时，他专程邀请我到他家共进晚餐，向我介绍他的家人，相聚甚洽。他介绍了他研究城镇体系结构的方法。在研究等级结构时，并不采用传统的按人口规模或城市行政等级，而是按企业的组织管理体系来确定，如银行的总行、分行、支行、办事处在城市的设置，这实际上反映了城市的等级和发展水平。同样，企业也是一样，总部所在地的城市，总是最高一级的城市。这对我有很大的启发，在服务业尤其是生产性服务业成为现代城市的第一功能时，确定它的结构、布局和组织体系理应成为研究城市结构的重要依据。阿部在 1980 年代已用此法研究了日本城镇体系，随后又发表了关于发展中国家和发达国家城镇体系的专著（图 6-4），确实有不少的经验值得学习。此外，日本对东海岸城市带的研究，对东京圈和东京湾区的研究，对大阪、神户、京都城市群的研究，对大城市人口集聚扩散的研究，对卫星城镇的研究，和《日本列岛改造论》（田中角荣）对区域均衡、发展地方圈、解决人口经济"过疏过密"问题的区域研究，以及日本的国土规划（综合开发规划）、日本的城市规划等都有不少值得借鉴的国际经验，结合日本实际，具有创新的可借鉴之处。

南大的城市地理课程一直受到学生的欢迎。1997 年，我将城市地理专业本科生教学移交给我的硕士生——留校任教的黄春晓，我主要给研究生讲解"城市地理学进展"等专题，一直到 2004 年退休。2019 年，由于工作需要，黄春晓同志调任南

图 6-3 《日本三大都市圈》
注：高桥伸夫主编，日本古今书院出版，1994 年

图 6-4 《发展中国家城镇体系》和《发达国家城镇体系》
注：阿部和俊著，日本地人书房出版社出版，1980 年代

大城市规划设计院任董事长，又将"城市地理学"课程移交给香港中文大学博士毕业的申明锐（南大本科、硕士）。申明锐以年轻教师的勇气和胆识，针对把城市地理学课程作为南大规划课程体系的品牌和特色的需求，不仅在课程内容上增加了时代性、国际性的特色，同时策划召开了城市地理学课程的研讨会，邀请国内有关高校的城市地理学任课老师、城市地理学专家（宁越敏）及亲自听过城市地理学课程的校友和我们三代城市地理学课程讲授教师一并出席会议，研讨城市地理学课程的建设问题。这是南大为一门课程专设教学研讨会的创举。通过会议，也使南大城市地理学走上一个新的发展阶段。

6.4 博士生培养

从 1990 年代到 21 世纪初（2004 年）是我培养博士生的主要阶段（在 1980 年代，我主要是为宋家泰教授培养博士生做些辅助工作）。我于 1994 年开始招收博士生，第一批是孙一飞和张小林，孙一飞次年赴美。因此，我实际带的第一位博士生是在职的南师大的张小林老师（我同班同学金其铭教授的学生）。自招收第一个博士生起，到 2002 年停止招收止，我一共招收了 26 名博士生，其中有 4 位（孙一飞、龙国英、姚鑫、王红扬）入学一年后分别去美国、中国香港、英国攻读博士；有 4 位博士生在已完成博士课程学习，确定了论文选题，有的甚至已完成开题报告或论文初稿后，因各种原因，未能完成博士研究（图 6-5）。

图 6-5　与部分博士生合影

我认为培养博士研究生是高校教师的重要任务，是培养未来学科人才的重要途径，学校不仅是授予我们博导的资格，更是赋予重要的责任。同时，我也一直认为培养博士生的过程也是自身学术提高的过程。通过师生互动、教学相长，在指导博士生论文的过程中使自己在短时间对一些科学问题有更深刻、更迅速、更全面的了解。我也因此很乐意参加校内外的博士生答辩。承同济大学规划学院的信任，我是其论文答辩委员的"常客"，参加过董鉴泓、陶松龄、徐循初、赵民、唐子来、吴志强等教授的博士生论文答辩。论文审阅和答辩对我有所启迪。因此，我对博士生培养工作是很重视的。第一，尊重人。尊重每位博士生，不论是年轻的、年长的，在职的、非在职的。我们在培养过程中是师生关系，毕业以后就是师友，每人均有长处，均可彼此受益。第二，尊重博士生的人格。师生在政治上是平等的。虽然应尊老爱幼、尊师重教，但师生是教与学关系，博士生不是老师的附庸，不是老师的廉价劳动力，而是教学、研究的助手和合作者。第三，尊重博士生的劳动成果。学生的科研成果以及他们的学术文章、大会发言，虽然含有博导的思想、博导的意见，但主要是他们自身努力的结果。因此，关于发表文章我一般采取三种做法：①不署名字；②如一定要反映我在文章中的作用，为了发表，我同意在文中用脚注说明"承某某老师指导……"；③为了文章发表的必要，而我也确实起过一定作用，同意署名，但列在作者之后。长久以来，我的做法也得到博士生们的认可。第四，尊重博士论文的选题。经常的情况是研究生论文题目与导师的研究课题有关，是研究课题的组成部分，协助导师完成课题也是研究生的任务之一，在国外也是如此。很多国外的教授就是在申请到课题和获取经费后，才招收研究生（包括确定人数）。我当然也可以如此（也确有不少博士生帮我完成课题，并写好论文。例如，2000年我申请到国家自然科学基金的"新城市空间"课题，我就按不同类型的新空间，即产业区、开发区、商业空间等，由王兴平、管驰明分别撰写论文）。但我更看重的是扬其所长，即研究生的基础（专业基础和特长，如擅长的理论、方法、思维特点、工作基础）和个人兴趣。我认为基础和兴趣相结合一定可以更有效地写出好文章。因此，在选题前我都和研究生一起商量讨论。我的第一个博士生张小林，在其导师金其铭老师（已去世）带领、培养下，在乡村地理和聚落地理方面有很好的基础，在国内有一定的影响（我认为，乡村是区域研究的重要组成部分，即使是城市规划中也不可忽视）。因此，我建议他在乡村这方面继续深入，他接受了这个建议。他的论文写得很好，创新地提出了"乡村性"这一概念（与城市性相匹配），其文章为众多乡村研究学者所引用。又如其后张京祥的"城镇群体组合"、吴启焰的"城市居住空间"、朱喜钢的"有机集中"等选题，都很有特色和水平。

在培养研究生的过程中，我也常常想起自己没有机会读研究生，以及自己成长经历中的感受，我认为不仅应该注重对他们的学术培养，也应该关心他们的成长。作为老师，我们不仅是学习上的指导者，也应该是他们成长、发展的指路者。我们不需要，也不应为自己争什么地位、荣耀，而应为他们的发展创造条件，让他们更快地"青出于蓝"。因此，应当让他们有更多的机会锻炼、挑大梁，更快地在学界、业界建立影响。除了在学术文章中不署名、少署名外，在承担规划、科研项目时，我也让他们当主力，由他们汇报；在他们毕业后，交给他们大项目（委托单位原是邀请我承担项目），由他们当项目负责人，我当顾问或总指导（如前所述的杭州、泉州、嘉兴等城市的概念规划）。这样不仅锻炼他们的业务，也可使他们与社会有更多接触，产生更多的影响。既无愧于他们的信任，也无愧于导师这个名号。

南大对博士生培养的要求是很严格的。无论是非在职或在职的、年轻或年长的、普通群众还是领导，都一视同仁地要求，包括听课、交作业、写论文、发表文章等。例如，学校规定，博士生必须参加博士学位课程听课（至少参加2/3学时以上）并取得博士学位课程的学分，还实行课堂点名和严格考试。我的一个在职博士生周游（当时是江苏省建设厅厅长，担任连云港市副市长时曾主管过城市规划和建设。他在参加连云港城市总体规划评审时和我认识，交谈时表示对城市规划很感兴趣，希望有机会深造。他任江苏省建设厅厅长后，就提出攻读博士要求，并经考试后录取），是南大哲学系1977级学生，马列专业知识基础较好。因此，在参加博士学位课"自然辩证法"时，他认为只要考试成绩合格就行，就少上了几次课，被老师批评，要求必须听课。原中国城市规划设计研究院总体规划所副所长涂英时，规划项目甚忙，但在院领导的支持下，老老实实在南大待了一个学期，上完、考毕全部博士课程才回北京。在博士生培养过程中，还严格执行论文撰写"开题报告—预答辩—正式答辩"三个阶段的制度和学术论文发表的要求（我认为，对于在职博士生来说，论文答辩是检验其学习能力和学术水平的最好平台）。博士生论文的写作是博士生科研能力和学术水平提高的关键阶段，因此博士论文审查特别严格。首先是初稿，我都全部通读，提出修改意见（我曾修改过一份50万字的论文初稿），然后，预答辩稿、答辩稿都认真对待，甚至对某一位博士生的答辩PPT都事先预听，并提出修改意见。这是对博士生，也是对自己的一种负责。令人告慰的是这些博士生也都认真对待攻读博士的这个机会和要求，认真地学习、撰写论文。当时任南京市规划局副局长的李侃桢（现江苏省发展与改革委员会主任），在局长的支持下，整整用了三个月的时间静心写作，完成了他的博士论文，获得好评，并出版专著。东南大学教授王兴平博士论文选题"工业区—开发区"，在毕业后持续坚持研究，已成为国内研究这一领域的著名专家（图6-6）。

在这个时期的教学培养工作中，我还指导过一位博士后（王合生，现北京市海淀区区长）、一位进修教师（郑林，江西师范大学地理与环境学院院长）和一位来自日本的研究生小岛泰雄（现为日本京都大学教授）。1990年代末，小岛泰雄申请到日本文部省的资助来南大研修，撰写博士论文。后来由于撰写论文的需要，又向文部省申请延长一年并获准。小岛略懂中文，可讲些汉语。他为人朴实，不多言语，做事认真，学习刻苦，他的博士论文主要研究中国的乡村。我请青年教师曹荣林协助，选定了江宁、六合作为他调查的地区，并陪他一起调研访问。他的调查很细致，

图 6-6 2019 年参加王兴平教授召集的"一带一路"国家开发区转型研讨会

图 6-7 2019 年陪同小岛教授访问南师大

重视社会调查,特别是对中国乡村"通婚圈"的研究颇有意义。我建议他写成文章,由我推荐到南大学报发表,这为他回日本后求职升级发挥了很好的作用。因而,我们也成了很好的朋友。小岛嗣后积极参与日本地理学会与中国的交流活动,并持续进行中国乡村的研究,成为日本关于中国农村研究的专家,至今仍和中国学者有多项科研合作(图 6-7)。

第 7 章　地理与规划的科学研究

这十几年来，与国家的发展形势、规划行业风起云涌的态势相匹配，城市研究、城市地理研究、城市规划研究也十分活跃。其中，有几件大的科研活动主题鲜明，涉及面广，影响颇大，成果显著。

7.1　相伴而行的两大重要课题

一个是 1992 年人文地理—城市地理学第一个国家自然科学基金委批准的重点项目"中国沿海城镇密集地区经济、人口集聚与扩散机制和调控研究"。这个项目从研究地区——沿海城镇密集地区对我国发展的重要性（现实和未来）、研究主题的科学性而言，都是极有理论价值和现实意义的。课题汇集了国内主要高校与科研院所地理系统的精英人才，由中国科学院地理研究所胡序威先生领衔，胡先生与周一星、顾朝林负责，共有 9 个协作单位（包括中科院地理所、南京地理所、北大、南大、中山大学、杭州大学、华师大等）参加联合研究，历时 5 年（1993—1997 年）完成课题成果，出版了专著（图 7-1）。内容包括空间集聚与扩散的宏观背景、都市区与都市连绵区、大中城市的集聚和扩散、乡村地区城市化四项纵向专题研究和珠江三角洲、长江三角洲、京津唐、辽中南四个横向的地区研究。南大郑弘毅负责乡村城市化研究，长江三角洲由我（南大）、沈道齐（南京地理所）、宁越敏（华师大）、马裕祥、李王鸣（杭州大学）4 个单位共同承担，我负责汇总。本次研究"是我国首次对沿海城镇密集、经济发达的重要核心地区进行经济和人口空间集聚和扩散规律的动态研究，探讨了不同地区、不同地域层次的经济、人口空间集聚和扩散机制，揭示了一般规律在不同地区的表现形式以及各地区因地制宜的不同空间发展"（胡序威）。该成果在 1997 年由国家自然科学基金委组织我国内地和香港的专家联合组成的验收组进行评议验收，结论为"达到国际研究先进水平"。郑弘毅等老师对中国乡村地区城市化作了系统研究，分析了

图 7-1 《中国沿海城镇密集地区空间集聚与扩散研究》
注：胡序威、周一星、顾朝林主编，科学出版社出版，2000 年

图 7-2 《农村城市化研究》
注：郑弘毅主编，南京大学出版社出版，1998 年

基本特征，划分了乡村地区城市化类型（地方驱动型、市场推动型、合股推进型、外资促进型、多元复合型、发展极推进型），研究了运行机制，具体剖析了人口和经济扩散各种案例，最后提出了推进乡村城市化的政策调控建议，研究成果公开出版（图7-2）。

　　长三角地区是我国沿海地区人口与经济集聚扩散重要而且很有特色的区域。因此，研究汇集了我国城市与区域研究的重要单位：南京地理所、南大、华师大、杭州大学的一批著名学者。针对长三角的特点，研究重点包括：①对已基本连绵分布的都市连绵区的概念界定、现状特点、形成动力机制（包括宏观政策、投资、市场、辐射机制）、存在问题和发展前景进行系统研究；②对都市连绵区的主要组成，按都市区，分别由华师大（上海）、南京地理所（南京）、南大（苏州）、杭州大学（杭州都市区）负责进行深入剖析。这些研究反映了长三角大中城市发育和城市空间组织的特点；③对郊区化进行卓有成效的研究。时值邓小平南方谈话后，各地城市发展迅速，开发区、新区纷纷建立，城市功能开始向郊区转移，人口和经济向城市边缘区和郊区集聚，出现了明显的郊区化现象。由我负责的关于苏州郊区化的研究首先是将市区划分为核心城区、边缘城区、边缘乡镇区、边缘区四个层次，分别研究一定时期（1982—1990 年）以来的人口变动状况，发现核心城区人口负增长，而边缘区增长最快（增长率 75%），但郊区化仍以靠近核心区的边缘城区为主。这反映了早期由于交通条件、小汽车不普遍、基础公共设施建设能力不足导致的近郊郊区化。同时，苏州郊区化又与大量的新区建设有关。主城区以外的产业新区和开发区吸引了中心城区和外来人口的集聚。这些研究结论，对当时的郊区化研究提供了很好的实例。

在郊区化研究中，我们同时也研究了中外郊区化的区别。国外的郊区化是中心区衰落后的产物，人口产业逐渐由中心区、市区向郊区、农村转移。而中国的郊区化则是在中心区提质繁荣、中心区和郊区同时发展的情况下进行的。这也是中国城市化的重要特色。此外，将整个长江三角洲地区分为上海、长三角北翼、长三角南翼三个部分分别进行乡村城市化研究。

另一个国家自然科学基金委的重点课题是由建筑、规划界三所著名高校（清华、同济、东南）和权威专家（吴良镛、陶松龄、齐康）领衔主持的"发达地区城市化进程中建筑环境的保护与发展"（图7-3）。无独有偶，两个课题研究的都是发达地区，只是研究地域范围不同，前者是沿海地区，后者是沪宁地区，而且也是1992年启动。这个项目集中了三校也是规划界主要专家精英，包括当时的两位院士吴良镛、齐康，课题成员中王建国、段进二人现为新晋院士。其研究内容和成果非常全面、系统，包括沪宁地区三大地域（上海、苏锡常、宁镇扬）、五大专题（沪宁地区经济社会发展研究、城乡空间环境的保护和发展研究、区域环境保护与发展研究、地区建筑文化的继承、保护和创新及城市规划实践的理论与方法研究）和七点研究的总结。项目进行过程中，还广泛听取相关学科专家的意见（我也参加过几次讨论，受益匪浅，也在这

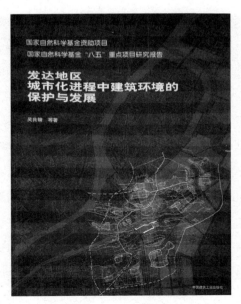

图7-3 《发达地区城市化进程中建筑环境的保护与发展》
注：吴良镛等著，中国建筑工业出版社出版，1999年

时认识了清华的尹稚博士。他敏捷的思维、创新的观点、综合的提炼总结能力都给我留下深刻印象。我也获得了他关于无锡的研究材料以作学习。由此，我们也成了熟悉的朋友）。这项研究是一个理论探索与实践总结的优秀成果，研究中提出的可持续发展思想、区域整体化发展和城乡协调发展思想及经济、社会、文化、环境综合发展思想的三条基本理论原则，至今仍有重要的理论价值和现实意义。而且，项目研究思路、研究内容、研究结论充分反映了项目主持人高屋建瓴和学科融合的思想，与地理学很多观点殊途同归，反映了学科发展的大趋势。

7.2 中美联合研究

对于我来说，这一阶段一个重大的研究课题是中美联合进行的"中国自下而上城市化研究"。中国的城市化一直是我和马润潮教授关注的主题。马教授曾多次到中国考察乡镇企业和小城镇，在国外发表了多篇学术文章，在学界有较大影响。他对于中国的乡村城市化和小城镇发展的历程及其未来前景都有深入探讨的意愿。因此，1995年就由马润潮起草，以他和我两人的名义，联合向美国鲁斯（Rose）基金会申请科研立项，经批准获得经费15万美元（这在当时是一笔很大的资助款项）。课题研究的最终目的是希望解答一个问题：中国小城镇发展是城市化进程中的阶段性产物，还是不可或缺的组成部分？为此，需要对中国的小城镇作全面的调查研究。于是我们组织了美方，包括阿克伦大学的马润潮，佐治亚大学的伯奈尔、罗楚鹏，华盛顿大学的陈金永；中方包括南大的我，北大的周一星，中山大学的许学强、闫小培，华师大的宁越敏，武汉大学的辜胜阻、杨云彦和南京地理所的沈道齐，新疆地理所的黄文房，云南城乡规划设计院的庄忆共来自11个单位的庞大科研团队（图7–4）。按照中国不同区域（省级行政区）的自然、经济、人文特点和发展水平选择了9省、区、市40多个建制镇分组进行典型调查，举行了多次的讨论，最后完成课题报告。研究结论认为中国农村地域广大，农村人口众多（即使城市化率达到70%~80% 农村仍有几亿人口），农业是不可或缺的产业，小城镇作为农村经济和人口的集聚地，仍将发挥其在乡村发展中的重要作用并成为中国城镇体系的基层组成部分，只是在中国城市化进程的不同阶段，不同地区其作用功能有所不同而已。同时，通过课题调研，我们还对中国自下而上城市化的机制进行了研究。我和马润潮发表了《中国自下而上城市化的发展及其机制》一文，刊登在《地理学报》1999年第二期，也在英文学术刊物 *Eurasian Geography and Economics* 2002年第二期发表了文章 *Economic Transition at the Local*

图 7-4　中美联合研究课题组主要成员合影

Level：Diverse Forms of Town Development in China。此外我们还就中国小城镇发展问题在《城市规划学刊》上发表了文章。

　　对于小城镇，我还有个亲身的体会。1980年代初，在湖南调研时，我发现在"文化大革命"极"左"的倾向下，一些当时已被拆毁的小城镇仍在原地发展起来，反映了周边农村确实需要区位合适的服务中心，也符合小城镇发展的规律。我和马润潮教授多次到浙江省温州市永嘉县的桥头镇调研（"东方第一纽扣市场"所在地，图7-5），它的发展无论从专业的理论知识，还是城镇发展的一般规律来说，都给了我们很大的触动。①突破了传统的区位论的限制，人是决定因素。调研选点桥头镇是听取了浙江省建设厅的介绍后决定的。桥头镇不在省、市级公路干线上，交通不便，只有一条宽不过6米的乡镇公路通达。纽扣的原料、材料、生产（最初）、消费均不在本地，怎么市场会布局在这里，而且如此兴旺？那里的纽扣市场号称"东方（亚洲）第一"，销售几千种纽扣，销往全国各地。当地人笑称全国大城市商场的纽扣柜台，肯定都是桥头镇人开的。我回南京后到中央商场纽扣柜台了解，确实是桥头人经营的。经过深入调研，我认识到产业和城镇发展的决定因素是人——"能人""能人经济"。纽扣市场的兴起是由于几位在外打工的桥头人在春节回乡时看到合作社商店买的纽扣很便宜，就买了些带回家，结果亲戚朋友都要。他们就觉察到了商机，于是就从城市买了很多合作社滞销、价格很低的纽扣回来销售，市场逐渐做大。然后他们去纽扣生

图 7-5　桥头纽扣市场
资料来源：http://photo.zjol.com.cn/05tupian/system/2008/11/28/015025840.shtml

产厂家购买，再后就开始就地生产纽扣，还利用众多在意大利打工的华侨老乡，把国外最新样式的纽扣图片发回，并在国外购买机器运回，就在当地生产了国际上最新、最多样的纽扣，形成了完整的产业链，包括生产、销售、运输（相当于今天的物流，组织了运往全国的运输队）。消费纽扣到制造纽扣、创造纽扣的发展过程形成了中国最大的纽扣生产基地和经营市场。2002年，桥头镇被授予"中国纽扣之都"的称号，纽扣销售量占全国的80%。同时，还形成了明确的分工体系：男的外出销售，女的在镇上接单营业（镇上商店绝大多数是妇女管理）；村里生产，镇里销售；居住在村，就业在镇。整个市场和城镇都十分热闹，"能人经济"成为浙江小城镇发展和乡村经济的特色。②经商意识。温州人有强烈的经商意识，无论是普通群众或是干部职工。我们去镇政府调研，遇到镇政府的工作人员，一说起此事，他们也都说他们自己都有企业。一次我找村支书访问，他领我去的办公室是在一个工厂里，他也是这个厂的负责人之一，他的儿子就负责在东北销售工厂的产品。③互助互帮的抱团意识。我曾和一个出差的温州人同住一个旅馆房间里，谈起温州人经商的问题，他说了两点。第一，"想赚温州人的钱没有门，只有温州人赚别人的钱，别人赚温州人的钱别想。"这说明温州人的精明。第二，温州人很支持年轻人创业，村里可以给年轻人一笔钱支持你出去创业，亏了没关系，还支持你再去创业。所以，温州人走遍天下，在全国各地都可以看到温州人摆摊卖货的现象。因此，对于温州炒房团的新闻中说大多是妇女的说法，也可以理解了。

7.3 城市区域空间研究

城市区域空间是地理界和规划界共同关注的核心内容，也是南大的传统研究领域与特色。1980年代，南大开始了关于城市形态、城市内部结构、城市边缘区、城镇体系、城市带等城市区域空间结构的研究，并出版若干专著，如前文所述。1990年代，与城市发展和城市规划热潮相呼应，南大的城市空间研究走向多样化、系列化，并与新类型城市规划实践密切结合，发挥了科学支撑的作用。

随着全球化的发展和城市化的进程，我国城市得到了很大的发展和扩展。1990年代，我曾在一篇文章中指出：世界已出现城市区域化、区域城市化的现象。城市和区域空间重叠，界线逐渐模糊，形成两种空间形态。一种是城市区域化，城市空间特别是中心城市，随着影响力的扩大，已从市区、郊区扩展到市域。城市已经从一个点扩展到一个面，已经不是城市要依托区域，而是城市即区域。另一种就是在经济和人口集聚下，区域内城镇（城市和乡村）发展，已经形成规模不等、功能各异、由中心城市牵头的各类城镇聚合的空间形态——城市区域。因此，我认为，当前全球竞争就是城市的竞争，而城市竞争不是单个城市之间的竞争，而是城市区域的竞争，由中心城市连同周边城市组成的城市区域是全球竞争的基本空间单元（此观点为众多学者所接受和应用，同济大学陈秉钊教授在有关报告中已有提及）。因此，城市区域空间的研究应当受到关注。实际上，国内关于都市区、都市圈、城市群、城市带的研究均属城市区域空间研究的范畴。

国际上，随着工业化和城市化的进程，对城市区域也多有提及，并据不同的发展阶段和各种需求而出现各种提法，如霍华德的城镇集群（town cluster）、格迪斯的组合城市（conurbation）、弗里德曼的都市区（urban field）、加拿大的城镇体系（urban system）、法国的城市群（urban agglomeration）、日本的都市圈、印度尼西亚的城乡混合地带（desakota），以及至今的全球大都市区域（global metropolitan region）。中国在1990年代更多研究、讨论及至规划的是城市带、都市圈、城市群、城镇体系。

我在访美期间首次接触到了法国地理学家简·戈特曼（Jane Gottmann）1957年发表的关于美国大西洋沿岸波（士顿）华（盛顿）城市连绵区（城市带，megalopolis）的文章，对此颇有兴趣，也一直关注这个问题，也曾与美国某大学的戈特曼研究中心联系，获得过一些资料。因此，想对此作些研究。当时，国内对城市带这个名称似乎也很在意，到处提城市带，但概念不清，只要一条铁路、河流，甚至公路沿线有众多城镇分布，就提城市带，完全背离戈特曼的原意。因此，我觉得首要是厘清一些模糊的说法，回归戈特曼提出城市带（城市连绵区）的本意。我理解戈特曼城市带的内涵是：①它是城市空间组织的最高形式，因此它一定包含有次一级的空间组织形式；②它的形态是连绵的，是由次级组织形式（例如一个个都市圈、城市群）连绵组成的；③因此，它一定是具有相当高的经济、社会、人口等形成条件的；④也因此，它的数量一定是不多的。戈特曼在1970年代指出全世界有6个城市带（包括中国的长江三角洲）。退而求其次，我国的城市带（标准可以略降）数量也不会多。

为此，我在1980年代末、90年代初申请了国内第一个关于城市带的国家自然科学基金项目"长江中下游宜昌—南京段产业—城市带的地理条件研究"，对城市带的概念、国际六大城市带的状况，以及长江宜昌—南京段城市带的发育现状、潜在地区及其前景进行了研究，提出了优化南京段、加强武汉段、拓展皖江段的建议。关于城市带及此研究的成果汇集在由我主编的《中国城镇发展研究》中（图7-6）。

进入1990年代，城市（镇）密集区的提法广泛见于学界，并与城市带（城市连绵区）、城市群、城镇体系等混用。为此，我组织了当时的硕士生（孙一飞）、后来的博士生（刘荣增）研究城市密集区。研究中区分了区域城市密集分布和城市密集区的概念（前者是一个空间分布上的密度概念，后者指密集基础上空间联系关联，乃至组织的含义）；界定城镇密集区概念，指出了其高密度城镇、高水平城市化、整体性区域、多层次结构的基本特征（《城市密集区的界定》见《经济地理》，1995年第3期）；明晰了其与相似区域，即城市带、城镇体系、城市群等的区别；揭示了城镇密集区演化周期及其机制；探讨了其协调与整合问题（刘荣增博士论文《城镇密

图7-6 《中国城镇发展研究》
注：崔功豪主编，中国建筑工业出版社出版，1992年

集区发展演化机制的整合研究》，2002）。刘还对中国城镇密集区作了研究（《我国城镇密集区形成与发展机制的历史演变探析》，见《郑州大学学报》，2002年第4期）。虽然，对于城镇密集区还有很多问题有待深化，但这些也反映了对城市区域研究的一个侧面。

南大自1980年代开始城镇体系研究，1990年代在广泛参加城镇体系规划实践的基础上，进一步系统化、规范化了城镇体系的内容。在原有的城镇体系"三结构"的基础上，加上顾朝林提出的基础设施网络，形成了"三结构一网络"的城镇体系规划的核心内容，并被纳入建设部颁布的《城镇体系规划编制办法》中，得到广泛应用。南大也因此接受建设部委托于1995、1996年分别举办了两期城镇体系规划培训班，城镇体系规划也成为南大规划学科的特点之一。而随着城市群的兴起，城市群和城镇体系两者在内容上有许多相近、相同之处，城市群的研究也包含了城镇体系的内涵。

城镇群体与城市群、城镇体系、城市密集区、城市带乃至都市圈，都是城镇空间组织的基本形态，也是区域城镇发展水平和阶段的一种表现形式，只是在各类城市区域中其对城镇群体研究的要求、角度略有所不同。但是，城镇群体的本质特征及其形成规律则是首要的或基本的问题。1990年代，我指导的张京祥博士撰写的博士论文后出版为专著《城镇群体空间组合》（图7-7）。其中对城镇群体作了颇有创意的研究，提出了四点城镇群体组合律：有序竞争群体优势律、社会发展人文关怀律、城乡协调适宜承载律、疏密有致空间优化律。研究成果得到专家的好评，也是探讨城镇群规律的重要成果。

图7-7 《城镇群体空间组合》
注：张京祥著，东南大学出版社出版，2001年

7.4 信息时代区域空间结构研究

作为空间形态的重要组成部分，区域空间结构一直是南大空间研究的重点和特点，而且和南大秉承的区域观点、区域理论、区域实践联系在一起，成为整个区域研究的核心内容之一。

区域发展随时代而转化，同样，区域空间结构研究也相应出现新的理论、新的方法和新的结构形式。1970年代的新技术革命、后工业社会的来临、新产业体系形成，使区域空间呈现复杂的状态，也给区域空间研究提出新的命题。

顾朝林教授敏锐地感到这种新的契机。1999年，他的博士生甄峰以《信息时代的区域空间结构》作为博士论文题目开展此项新的研究。甄峰通过自己的勤奋和刻苦，以及勇于创新的精神，结合申请的国家自然科学基金项目，出色地完成了博士论文的写作。

甄峰建立了基于信息的生产、交换、分配与消费的新概念分析框架，首次提出了信息时代新的空间形态——实空间、虚空间和灰空间，及三元空间长期并存的观点，指出了信息时代的信息网络和信息产业两大特征，分析了其自身空间结构特征及对区域空间结构的影响。并探索性地研究了全球化、信息化对长江三角洲空间结构的影响，提出了构建以都市圈为空间和经济组织方式的长三角网络空间结构，创造性地提出了网络化的多层次极化结构模式，成为这个阶段区域空间结构研究的新成果，并在商务印书馆出版（图7-8）。

图7-8 《信息时代的区域空间结构》
注：甄峰著，商务印书馆出版，2004年

之后，顾朝林还指导另一博士生沈丽珍进行了"流空间"的研究，出版了《流动空间》一书，进一步拓展了信息时代区域空间结构研究。

7.5 新城市空间的研究

1990年代是我国经济和城市大发展和转型发展的时期，城市空间作为城市经济活动和社会活动的载体、市民的活动（工作、生活、休闲）场所，随着产业结构调整、城市功能转换、空间扩张，人们需求变化，新城市空间（开发区、新居住空间、新行政空间、新休闲空间、新卫星城、新城）不断涌现，就出现了新空间的布局、规模、功能及与原有城市空间的协调整合问题。于是我在2002年向国家自然科学基金委申请"新城市空间形成、发展与整合研究"的课题，开展为期三年的项目研究，组织了以博士生为主，硕士、博士共同参加的研究团队。根据他们的基础、特点和意愿开展分项和综合的研究：王兴平负责新产业空间，管驰明负责新商业空间，夏杰（林炳耀的硕士）负责新休闲空间，孙娟负责新城市空间与城市空间重组，他们均由此完成了自己的论文。重点研究新城市空间形成机制、特征，探讨新城市空间引发的新时期城市空间重组的理念和规律，构建新的城市空间重组的模式。在研究中既有对各类新城市空间（如产业、商业等）本身的研究及其与城市原有同类空间的整合的研究，也有新空间和原城市空间的整合重组研究。最后借鉴国内外新城市空间演变和城市空间结构研究成果，就这项研究总结提出了：①城市作为生命有机体，存在发展生命周期以及新陈代谢的过程和阶段，反映为新城市空间的存在和空间重组现象；②城市功能的变化引起城市空间组织的调整和重组要求；③新的城市空间是城市空间重组的前提和特征，新城市空间对城市重组具有很强的引导性；④新产业空间是影响城市空间重组的核心；⑤理论支撑对城市空间重组有重要的指导和促进作用（项目对理论问题也作了探讨）。

7.6 城市社会空间研究

长期以来，我们的城市研究和城市规划在经济导向下是为推动经济发展服务的，城市空间的研究也是以经济空间、生产空间为重点的。在城市空间的研究中，一类是对城市空间的结构性的研究，包括功能分区、形态结构、空间格局；一类是对某种功能空间的研究，例如工业区、商业区、中心区、CBD等经济性、生产性空间的研究。而对于社会空间的研究较为缺乏，即使是对于居住区空间的研究也都偏重于用地、建筑、密度、容积率、空间布置等物质性内容，而对于居民本身的研究，包括收入、阶层、需求等关注不够。记得在访美期间，我也接触到不少关于社会空间的研究和相关讨论。其中一个令我印象深刻的是社会隔离（segregation），主要是居住隔离，即住宅区明显的贫富区别，富人区、贫困区泾渭分明，由此引起的社会矛盾也十分明显。针对这种因社会空间隔离而产生的问题，欧美各国政府也采取了一些措施，如英国曾有规定，高档住宅区须配有一定比例的房源给贫困家庭，以缓和两者的矛盾。我也曾参观美国一个高档社区，确实有一些黑人或衣着较一般的居民在体育场地活动。我也访问过一些居住在高档社区的学者，请教他们对这种现象的看法。归纳他们的观点如下：①这是社会的正常现象，社会上客观存在着收入不同的阶层分异状况，因此，建设不同的社区，满足不同需要是可以理解的；②"物以类聚，人以群分"，价值观、生活需要、生活方式、生活习惯相同的人居住在一起，维护共同的文化素养，对于居民特别对于下一代是有好处的；③涉及土地和房屋价值的问题，不同收入的居民有不同的房屋需求和配置标准，所在地价不同，如果混居会涉及整个小区的地价和房价。我有一个美国的朋友曾对我讲过一个实例：他还不是住在一个封闭的社区，而是沿街的住宅，最近附近出现一些低收入的黑人的住宅，如果越建越多的话，他就准备搬家，否则他住所的地价、房价就要下降。

  我曾亲身感受、体验了美国高档社区的生活。访美期间，我应佐治亚大学伯奈尔教授的邀请做一个学术讲座。会后，伯奈尔教授盛情邀请我去参观他的社区——友谊社区（Friendship Community）。他家住在亚特兰大市郊区的一片林子中，沿途不见房屋，车行一转弯至一座独立的住宅，即到他家，门口还有一条清溪、一座小桥。伯奈尔喜欢中国，他的太太是华人，庭园按中国江南水乡布置，家中的布置均是中国式，四壁挂上了中国的绘画、书法作品。在他家周围没有别的房子。他说这个社区的房子都是隐建在林子里，彼此不相连。他家是两层的住宅，一楼有一排落地的玻璃窗和门。我即兴地戏问他，这么孤零的，又是一览无余的落地窗，不怕小偷吗？他说，这里只可能有抢劫，不怕小偷。因为屋内很少有现金，贵重的物品都在保险柜，小偷犯不着为此行为判刑坐牢。当时正巧遇上社区的活动日（一年有两次活动日），届时邻居会在一家住户的屋前空地上聚餐，各家带来自家的菜肴，主人则准备场地布置，提供酒、饮料、餐前食品，大家欢聚畅谈。当晚伯奈尔教授也带我参加，邻居们很欢迎，大家谈谈中国，谈谈各自见闻。一个多小时以后，伯奈尔教授就带我提前离开了。在洛杉矶，加州州立大学北岭分校的王益寿教授也带我参观了不同类型和级别的社区（他夫人是从事房地产行业的）。我们参观养老院，看到老人都舒适地围坐在一个游泳池边晒太阳，使我对美国的居住空间也有了感性的认识。我也由此形成了对居住隔离（空间隔离）的一些想法。我认为：①居住分异是客观存在的，社会阶层的存在就必然有各阶层自己的价值观、文化、生活方式和空间需求；②只要是合法的劳动所得下对不同档次的生活需求是应当满足的，所以，有别墅、有公寓、有安居房是合理的，我们不能搞平均主义，但是也反对那种破坏生态、浪费资源的过度行为；③有分异、有隔离，但在我们社会主义国家里，在政治上、法律上人是平等的，社会公平、社会和谐是我们的原则。因此，政府要关心弱势群体，为他们的基本权利（居住等）提供保障。这也引起我对社会空间研究的关注。因此，当我的博士生吴启焰（云南人）提出作南京社会空间的研究时，我非常支持。吴启焰是一个非常老实、也非常踏实做学问的年轻人，他自己一人调查分析了南京不同档次的社区，包括 201 个居住片区的相关数据，并按不同类型进行了入户社区调查，收集资料，研究划分了南京的居住社会空间，这是国内较早的城市社会空间的研究成果。他的论文出版后也引起了广泛关注。美国研究社会空间的著名学者 John Rogan 在一次上海举办的国际讨论会上（我和吴都参加了）也表示十分赞赏他的研究成果（图 7-9、图 7-10）。遗憾的是，吴启焰在 2020 年病逝，英年早逝，令人惋惜。

图 7-9　1999 年吴启焰博士答辩现场合影
注：左起依次为顾朝林、曾尊国、包浩生、崔功豪、吴启焰、苏则民、林炳耀、姚士谋

图 7-10 《大城市居住空间分异的理论与实证研究（第二版）》
注：吴启焰著，科学出版社出版，2016

在美国我还曾去俄亥俄州距阿克伦市不远的阿米什人（Amish）少数民族社区，这是美国政府允许保留的一个少数民族隔离的独立社区。社区面积很大，有大批农田、草地，环境很美。人们聚居在一起，按他们的习俗生活，有自己的服饰。女的包有浅色的头巾，穿浅色裙子；男的戴有帽子，穿长裤，人长得都很清秀。生活上不用电气设备等现代化设施，所以社区里没有电灯、电话，没有空调和其他电气设备（按他们教义的说法，这些现代化的事物都是魔鬼化身）。后为安全起见，经协商社区允许安装电话线、电话亭，以备紧急呼救使用。他们不用汽车，以马车作为主要交通工具。马是主要动力，因此，专门有马的拍卖市场。社区中如家庭有结婚等喜事，人们即聚到广场上歌舞庆祝。他们以种植业和畜牧业为主，办有乳酪厂生产各种乳酪，产品种类繁多，吸引了大批人来购买，我们也去参观了。他们在同族之间进行婚配，少和异族联姻，婚后还住在社区。在人口众多时，也可以寻找一个合适的地方迁居，成立新社区。据称，在美国，阿米什人社区有几十个。此外，美国还有少数保留的印第安人社区。但多数分散、破败，房屋建设零乱，由于我们只是路过，也没有详细考察。

7.7 贫困人口调查研究

从城市规划的角度来看，研究社会空间体现了规划以人为本的原则，也是规划走向综合化和学科融合的重要方向。香港大学叶嘉安院士曾经说过："城市规划不仅是规划城市，也是规划社会。"研究、了解城市空间，发现城市空间的差异也就反映了居民在文化、教育水平、收入、需求方面的差别，这就为合理配置公共服务设施提供了依据。例如，南京的科学会堂的布局，就以高校和科研机构集中、文化教育水平较高、高中等收入群体集聚的鼓楼区、玄武区为宜。同样，各种消费服务设施的布置，乃至公交站点的设置均可因居住空间的特征而有不同。

2003年，我和英国卡迪夫大学吴缚龙教授（南大规划系82级学生、英国伦敦大学学院教授、英国社科院院士）合作研究城市贫困问题，选择南京为一个研究点。我和芮富宏老师（院学生工作组长、"社会调查"任课老师）组成调查组。根据南京社会空间的分布，我们选择了市区铁北地区（沪宁铁路以北）的小市街道作为调查点。铁北地区原是一片传统工业（制造业）集中区，由于产业结构调整，工厂有的衰落，有的迁走。因此，居住区也较为衰败，违章搭建情况众多，公共设施不齐。而小市街道，又正处于中央门立交桥地区，交通拥挤，人流众多，街道多外来人口居住，生活水平较低。由于中国城市并没有贫困人口的说法，也无界定标准。因此，我们就采用享受城市低保的人口以替代。我们采用了低保人口的数量、占居民比重、家庭人口构成、低保类别、低保原因及其转化（取消低保）的可能性等指标，在居委会的支持下入户调查访问，取得了大量的第一手材料。我们还根据所在区域，包括所在地区——下关区（现并入鼓楼区）的经济特点和发展前景，提出减少低保、促进就业等建议。基于小市街道和下关区的研究实例，我们在南京市民政局的支持下，又对南京市内六区进行了低保人口调查，发现低保人口数量与地区的产业经济结构、经济水平有很大的相关性，也为研究城市贫困人口的分布规律探索出一条新路径。此研究成果后由吴缚龙教授写成英文文章发表，嗣后，我们也参加了在北京召开的关于城市贫困问题的国际会议。

小市街道调查工作结束后，我们和街道办居委会也形成了良好的关系，其成为南大"社会调查"课的教学基地。

7.8 乡村空间的研究

1994年，我的博士生张小林（南师大教授，在乡村地理和聚落地理研究方面颇有建树）在他原有专长基础上，选择了乡村空间作为博士论文选题，我十分支持。我一直认为，乡村是中国十分重要的社会经济单元和空间单元，在城市化的进程中，中国乡村虽然有所衰败，但从中国农村广大、农村人口众多、农业生产是安全保障的角度来看，乡村将永远存在。同时，随着城市化进程进入城乡融合共生的阶段，乡村的价值将重新显现。因此，乡村空间的研究值得重视。张小林的论文以苏南为例，研究了乡村空间系统及其演化。首次在国内提出了"乡村性"（rurality）的概念，并与城市性相对立，认为"人类社会发展过程就是乡村性逐渐减弱，城市性逐渐加强的过程，""但乡村不会随城市化而消亡"。同时提出乡村空间系统，以苏南为例对不同历史时期（传统乡村、封建社会后期乡村、近代乡村、现代乡村）的乡村空间系统的演变、动力、组织模式和未来趋向作了深入探索，颇有学术价值。嗣后，由于对乡村空间的研究主要局限于城市和区域规划项目对乡村部分的研究，其没有对此进行专项的深入研究。直至 2010 年代末，伴随着国家对乡村问题的重视，张京祥、罗震东、申明锐等又重续了南大关于新时代中国乡村空间规划与发展的研究，他们提出的"乡村复兴""规划下乡的治理结构转型""流乡村"等学术概念和理论框架得到了学界的广泛关注。

第 8 章　国外及中国香港和中国台湾地区考察交流

1990 年代到 21 世纪初，是我国际考察、国际交流、国际合作较为广泛的一个阶段，足迹遍及美、加、澳、日、韩、朝等国、欧洲和我国香港、台湾地区，接触到了不少城市和学者，有很多的感受、体会和启示。

8.1　德国之行

1990 年代我曾去德国多次，或合作研究，或考察，或旅游，对德国的城市、学者和学术工作风格颇有体会。

8.1.1　和特劳纳教授的合作

与德国教授彼得·特劳纳（Peter Truner）的结识起于一次研究项目的讨论。1980 年代末，德国斯图加特大学（特劳纳教授是斯图加特大学区域规划研究所所长）与上海理工大学（原上海机械学院）系统工程系的范炳全教授合作进行"扬州城市发展战略的研究"（此项目的由来，据称是上海理工大学一位校领导在欧洲开会，遇到了扬州市领导和特劳纳教授，特劳纳教授愿意支持扬州开展城市研究，于是确定了合作意向）。特劳纳教授经过调研和与上海理工大学讨论后，提出了一个研究方案，需要听取专家意见。江苏省计划委员会即邀请了有关专家在扬州开会（我也在受邀之列）。由于德方对中国的情况不熟悉，而上海理工大学又不是研究城市的专业单位，因此，其提出的研究方案较为脱离中国实际。于是我就直率地逐项提出不同意见和建议。不料，特劳纳不但全部接受，而且邀请我作为课题顾问，并提出凡是他们承接的中国课题都请我当顾问（之后他确实这么做了，他在江苏的很多项目我都参与咨询）。由此，我们也成了好朋友。在扬州的研究项目中，我也初步接触到城市发展战略研究，让我

图 8-1　与特劳纳教授在扬州项目成果评审会合影

特别感兴趣的是未来发展远景的预测。我们习惯的做法是经比较提出一个最终方案，而德方却提出一个多因子集成的预测模型。其可贵之处在于，如未来任一因子变动，模型可自动予以调整，使城市发展处于可预测的状态。特劳纳是一位身高 1.8 米以上，长相威严、身材魁梧、满面红光、直率、热情、豪爽、严谨的德国人（图 8-1）。他是德国区域规划方面的专家、区域规划学会的会长，又曾当过德国经济部的顾问，因此与德国政府和企业界的人士很熟，能够争取到政府和企业的资助。他对中国十分友好，愿意帮助中国开展城市和区域的研究，培养人才，由他争取资金（中国只需提供相应配套，实际上德方资金已够用）。同时，每个项目还可派几个研究人员到德国进行 3—6 个月的学习。由于他为中国不少城市和区域研究项目提供资助或承担研究，因此，他获得了国务院颁发给外国友人的友谊奖章。1991 年，他邀请我到德国访问，同时具体研究讨论无锡江阴市的合作研究项目。

斯图加特是德国重要的城市、德国南部的主要城市。德国南部是克里斯塔勒中心地理论的原型地区，经济比较发达，人口众多，城镇发育，类似于江苏的苏南地区。城市环境很整齐、整洁。斯图加特大学校区分为两部分，主校区在郊外，区域规划所即在郊外，另一部分在市中心，研究生态环境的院所在市区校园。

区域规划研究所人数不多，只有十余人。所长是特劳纳教授，还有一名副所长，所里既承担国内外关于城市和区域规划的研究项目，也承担空间规划系的教学任务。特劳纳就教"区域规划"课，我索要了他的课程的讲义。这里有不少来自世界各地（包括中国）的研究生，授课语言有德语和英语两种。特劳纳的英语很好，他的发音清晰明亮、节奏感强，很容易被人接受。

8.1.2 参观卫星城镇

我对于德国小城镇一直很有兴趣,一来德国的城市等级规模结构是以中小城市为主,而其南部地区中小城市(镇)发育;二来德国作为经济发达国家,又有悠久历史,小城镇发展水平应当很好。于是,我就利用周末请研究所人员陪同考察。斯图加特周围的小城镇相当发达,类型多样,既有大众汽车工厂所在地的工业城镇,又有历史上王朝所在地的古镇,还有一些以居住为主的小镇。小城镇风格各异,但都非常幽静、和谐,富有生活气息。在一个居住型小镇,最让我欣赏的是房屋建筑,不同色彩的中世纪尖塔式建筑物排列构成的街面,下面是商店,上面居住。商店外,街面上张开的太阳伞下,悠闲地喝着咖啡的人群,小孩娱乐嬉闹的声音,呈现出一楼一景、一街一景、一路一景,建筑与环境十分协调,构成了一幅舒展的人间图景,确实引人入胜。我自 1950 年代参加青海、甘肃考察队以来,就对照相十分有兴趣。当时我拿了学院配的苏联生产的盒式莫斯科牌相机(装 16 张胶卷),对自然和人文景观纷纷留影,花费了不少津贴费用。虽然清晰度不高,但莫斯科牌相机最大的好处是不怕摔,经常是从卡车上摔下来,拍拍土照常可用。到了德国小城镇,如此美景,更是不可放过。我带了 5 盒胶卷(一卷 36 张),原以为五大卷肯定够了,可是才到了一个镇就用完了。小镇街巷宽窄不一,最宽不过十来米,街道布局也不规则,很自然,可以随心所欲地逛逛。到了某王朝所在地的历史古镇,高大的宫闱建筑,特别是后花园的图案式布置的园林、绿茵花卉让人心旷神怡。相比之下,我们国家的小城镇一是多以生产性功能为主,自然景观较差;二是房屋建筑多为灰色;三是房屋式样千篇一律,缺乏生气。我想,也许是我们的发展阶段未到,对小城镇功能的认识偏于经济层面,或是我们对生活享受的视角不一,我们重视的是室内的协调、整洁。而欧美国家很重视外部环境,他们可以把一条小溪看成生活环境的重要资源,或自然,或人工予以维育保养。而我们可能将其看成排水沟,而无视其他。

8.1.3 领略德国

德国的区域规划学会每年召开一次年会,我在德国期间恰逢开年会之际。特劳纳是学会主席,于是他邀请我参加年会,会后带我考察德国。我十分高兴,欣然前往。年会在柏林召开,我们乘机到达柏林,他带我参观了柏林。当时,柏林墙才推倒一年,两德刚统一,德国首都尚未从波恩迁到柏林。在柏林可以看到原来东、西柏林的巨大差别。站在电视塔大楼高处看,西柏林是现代化的建筑,街道整齐,东柏林则是众多历史建筑,色彩庄重,密集分布。从近处看,东柏林的大街有"苏联式"的痕迹,主街宽阔、繁荣,而主街背后,街道就显破败。更重要的是,由于原东德的居民大量拥入西柏林,加之东欧国家人口进入，柏林显得较为混乱。在车站附近的广场，有到处摆摊、推销商品的，有兑换外币的。如此场景，令人为柏林惋惜。年会以后，特劳纳在机场租了一辆车，开车带我逛德国，从北向南，从东向西，绕德国东南一圈。让我印象最深的是"二战"后东、西德发展的差异。从柏林出来，往东、往南基本上都是原东德的范围，但凡经过的城市，都十分萧条，街上行人稀疏，很多楼房十室九空，年轻人都跑到西德去了。很多大学缺乏师资。我记得我系的 77 级学生、毕业留校老师王维洛讲的故事。他在南京参加 1 年德语培训后（成绩全班第一），就去德国多特蒙德大学空间规划系读博士，后留校任教。两德统一时，他还在读博期间，导师要他去东德的大学讲课。因为东德的学生说他们学的都是苏联的一套规划，老师应是苏联这套规划的专家，因此，不适合教现代规划的课，于是要求西德派人授课，反映当时原东德社会的困境。我们到了德累斯顿，这是一个著名的历史文化名城，但由于"二战"时的轰炸而损毁。在德累斯顿大教堂前（教堂全毁）堆着满满的砖石，城市正号召在国外的德国人、德累斯顿人为重建城市捐款。

由于是驱车考察，我们经过了德国的广大乡村地区。那时正值春天，漫山遍野的金黄色的油菜花盛开，景象极美，特劳纳和我也一起下车，领略这舒心的农村风光。在途中，我也见到不少有公共服务设施、人们在户外餐饮叙谈的居民点。我问特劳纳这是不是一个镇，他说是"村"。他还谈到德国农村的村庄有 99% 已统一装置上下水管道，我感到德国的乡村确实拥有现代化的宜人环境。

8.1.4 远郊作客——黑森林的气息

特劳纳教授在斯图加特大学工作，但住在 200 多公里外的远郊。每天车程近两个小时，但他乐此不疲。一天，他邀请我去他家共进晚餐，我很乐意。下午下班，天色尚早，他开了车带我前往。一上车，他就问我："怕不怕开快车？"我说不怕。于是，一开车，他就加速到 150 公里/小时以上。到他家要穿过一片黑森林，这次我才领略到什么是黑森林的气息。一进入林子，一片幽静、浓密的森林的缝隙中却透露出一团团淡淡的绿色的空气，确实是绿色的。我们停下车来，享受着，感受着。至此，我也明白了为什么特劳纳即使如此远程奔波，还依然甘愿如此。我也懂得了森林对于生活的价值。

8.1.5 项目风波

在德国一起商定了江阴合作项目计划以后，下半年特劳纳教授来中国和我一起去江阴市落实具体计划。我们到了江阴，会见了时任江阴市市长贡培兴，晚上贡市长还设宴招待了我们，一切似乎都很顺利。次日，召集各业务职能部门商讨具体工作时，环境保护局局长提出环保数据保密，不能提供（我在德国时还遇到该局长来德国访问，一同说起工作之事）。这使特劳纳教授大吃一惊，即使在会后我们一起讨论各种替代办法也未获同意。而环保数据对于研究像江阴这样工业发达、乡镇企业活跃、河流众多的城市是必不可少的。因此，合作陷入僵局。特劳纳很恼火，他已申请到德国大众汽车公司的资助，我也感到十分为难。最后，我们只能悻悻地离开江阴。为了不浪费这笔资助和合作机会，我们就与江苏省计划委员会汇报，与有关市联系，最后，确定开展南通市以土地利用为中心的发展研究。

在项目进行中又发生一件不愉快的事。按计划，研究分几个阶段进行。每个阶段要进行汇报、讨论，再研究下阶段工作。第一阶段结束时，特劳纳从德国赶到南通进行阶段讨论。在德方汇报完工作后，请中方汇报，中方却因没有完成计划而无法完整地汇报。特劳纳对此十分生气，站起身来，当面责问南通市领导，为什么没有完成计划？没有完成为什么不事先通知？场面十分尴尬。通过此事也可感到德国严守计划的精神和特劳纳的严谨，对工作、对事业的认真和一丝不苟的态度。工作归工作，友好归友好。特劳纳后来也和江苏徐州、东陇海带、沿江地区和南京江宁进行了多次合作，和江苏省计委建立了十分友好的关系。

8.2 再访日本神户

1995年，通过在日本的张志伟（原香港居民，因入日籍改名为奥野志伟）教授的热情接待和统筹安排，我进行了一次系列的日本讲学活动，访问了东京大学、筑波大学、东京御茶水大学、爱知教育大学、德山大学等日本的大学，做些讲座，和南大在日本的学生见面（图8-2、图8-3），王德和杜国庆还帮助作了几次讲座的翻译（王德当时在名古屋联合国区域中心工作，杜国庆在日本读博；王德后回国在同济大学任教，杜国庆留日本，在大学任教）。此行给我印象最深刻的是对大地震后的神户的考察。当时，曾在南大研修、由我指导的小岛泰雄已在神户外国语学院亚洲研究所任职（图8-4）。大阪圈（大阪、神户、京都）是一个国际著名的城市功能分工明确、联系紧密的都市圈（城市群）。大阪是中心城市，工业发达，神户是港口，京都是文化古都。大阪圈和大阪市也是仅次于东京湾、东京市的日本经济中心。我们在城镇体系的教学中，也常以此来对比京津唐、长株潭、沪宁杭这种城镇组合形式。1984年，我也曾到关西大学访问，参观神户人工岛。1995年，神户发生大地震。此次再访日本，小岛陪我用了整整一天的时间步行考察震后神户。我们看到了断裂的高速公路、桥梁，裂缝

图 8-2　1995 年访问日本与当地教授及南大留学生合影

图 8-3　与杜国庆、王德在日本合影

图 8-4　与小岛泰雄夫妇在神户合影

的大楼，倒塌的建筑，杂乱的海滩和市内搭建的地震棚（共有两层，有一定设施，较国内地震棚要好些）。考察了灾后神户，我有几点印象特别深刻。①受灾严重的不是现代化、抗震程度高的高楼大厦和新城，而是低矮住屋为主的、密集的旧城；破坏性较大的主要不是原生的地震灾害，而是震后引起的火灾等次生灾害，因此震后城市很快恢复了生机，依然具有活力。②震后恢复重建工作有序。震后，当地相关部门通过卫星影像迅速了解、分析了灾情的发展过程，包括海上风暴的发展过程、多地地震灾情的分布。尤其让我惊讶的是，地震后才几个月，市里已编制了灾后重建的规划（资料免费提供，我也向规划局索要了一份），使重建工作有序展开，城市迅速恢复生机。③日本的防灾设施和地震教育做得很细致、普遍，一般日本市民都有了解。所以灾害造成的损失不大，死亡人数少。

8.3　两次国际地理学大会

8.3.1　华盛顿会议

国际地理学大会（IGU）是国际地理界学术交流的盛会，也是地理学者们向往的地方。以往由于种种客观条件我无缘参加。1990 年代，我第一次参加的是 1992 年在

图 8-5　1992 年参加华盛顿国际地理学大会

华盛顿召开的大会,我在分组会上做了"中国大城市控制发展"的报告,主要是回应国外很多学者对我国"控制大城市"方针的疑问,解释我国的大城市在整个城市化过程中仍然有很大发展,但不是任意的发展,而是有控制的发展(图 8-5)。发言也引起与会学者的兴趣,进行了现场讨论。我当时住在大学的研究生宿舍区,会后再次考察访问了华盛顿老城区,又到了 P 街。那里依然是一番历史街区的面貌,地面依然是方石铺就的路面,留有有轨电车的轨道,两旁的历史建筑(低于 3~4 层)密集毗邻,没有空隙,没有绿化。路上行人很少,历史感浓重,但房价据称极贵。我又参观了大学周围的住宅,多为两层建筑、一处院子,十分宁静。之后,我即去阿克伦大学进行访问。

8.3.2　首访荷兰

第二次是 1996 年在荷兰海牙召开的国际地理学会第 28 届大会。这次会议我主要作为一个学习者,没有大会发言。这是我第一次到荷兰,我对于这个国家向往已久(在 1988 年南京第二次亚洲城市化国际会议上,荷兰海牙规划局有人参加,我们交换过一些简单的资料)。这个低地国家是如何建设起来的?著名的"兰斯塔德"围绕绿心的城市结构是怎样的?这些功能分散、风格各异的城市的风貌如何?这些问题我都很想了解。到了海牙,我遇到了很多熟悉的朋友。来自澳大利亚的伍宗唐教授专程来酒店看我们，我的大学同班同学余之祥、沈道齐（中科院南京地理所）、吴关琦（中科院北京地理所）都参加了会议。海牙的海滩很著名，沿海滩的酒店各种设施齐备，路上人来人往，人们谈笑风生，是一个很惬意的活动场所。会议晚上安排我们去阿姆斯特丹参观。这个运河之城、承担首都功能的城市，有150多万人口，晚上景色甚美，一条条水道组成了特有的水城风貌。

  会议结束，离开海牙，我就和老同学吴关琦及南京地理所的姜彤一起乘火车去德国，当晚留宿卢森堡。卢森堡是个小国，多古典宫殿式建筑，也是欧洲的金融中心之一。次日，我们继续前往德国，和沈道齐等会合。在德国的旅游主要是由德国朋友金（King）教授陪同开车考察。我们领略了阿尔卑斯山的美丽，一片翠绿。我们住在一家德国人家中（现在看来类似民宿），房间非常整齐、精美、清洁，配备各种用具、卧具，早晨还给我们准备了德国经典的早餐。我们面对美景，心旷神怡，姜彤用了"amenity"这个词来形容。我们讨论了这个词的含义，找不出恰当的汉译，"舒适""宜人"均有些接近，但又似乎内涵还不够深。

  莱茵河是欧洲一条重要的河流，是欧洲很多国家的母亲河，沿河地区经济发达，城镇众多。我们沿着莱茵河的德国段考察，沿河两岸景象和河流中的船只，犹如中国的长江，繁荣、繁忙、秀美。到了德瑞边境的巴塞尔时，由于我们没有瑞士签证不能入境，如入境就不能返回德国、荷兰，而我们还要去比利时等地。因此，我们和瑞士边防商议，希望允许我们进入边防站，也算圆我们到过瑞士的心愿。经同意后，我们就越过了德瑞边境，在边防站照相留念。

8.3.3　访问比利时

  离开德国后，我应比利时鲁汶大学凯斯特鲁特（Kesteloot）教授的邀请，访问布鲁塞尔。鲁汶大学在人文地理方面有较高的声誉（东南大学段进院士曾在此进修）。我系顾朝林教授与他们有科研合作，尤其在社会空间方面。在凯斯特鲁特教授的陪同下，我参观了布鲁塞尔的贫民区，主要是来自中东的移民和阿拉伯人居住的地区。我们也讨论到这是欧洲城市发展中的一个特殊而普遍的问题，即外来移民，他们聚集在一起，形成了自己的社区，造成了城市管理的困难。而要改变贫民区的面貌，首要的是充分就业，这又是各个城市的难题。

  在布鲁塞尔，给我印象最深、记忆犹新的事是市中心广场的鲜花图案。长方形的市中心广场建于12世纪，四周为哥特式建筑，有市政厅等。布鲁塞尔市有这样的习俗，据称，在8月15日前后的周末，在广场有一个盛大的庆典，铺设花毯，每次有不同的主题图案，从而成为全市和外来游客重要的旅游景点。我的运气很好，到达布鲁塞尔的第二天，参观市容时，正好是布置鲜花图案的这一天。图案占地面积很大，布满了整个广场，有上百平方米，非常壮观，而且色彩鲜艳、寓意深邃。大广场北有著名的小英雄于连撒尿的雕塑（据称是他用一沱尿浇灭了导火索，免除了爆炸的灾难），形象生动。布鲁塞尔也成为我讲解什么是最佳城市的范例之一。我对最佳城市的标准是：①本地居民乐意居住的城市（不是因为就业、户口等不得不居住）；②外来人口乐于走动的城市，来过了还想来；③对于来过的人（包括国外的）是值得回忆的城市。布鲁塞尔就是第三种城市。

8.4　周游英国

2003 年，我应南安普敦大学吴缚龙教授（原我系学生，硕士毕业后留校任教，担任系外事秘书，后去香港大学攻读叶嘉安教授博士，毕业后去英国任教）之邀去英国访问。我对于这个昔日的"日不落帝国"、工业革命的起始地、仍保持着君主制的现代国家，及其绅士风度的典范，确实向往已久，因此和家人一并前往。吴缚龙当时在南安普敦大学任教。南安普敦位于伦敦南部，是一个著名的港口城市、海滨城市，也是泰坦尼克号邮轮的起航地。海滩风景优美，我们和缚龙一家周末常去游览、野炊。某周末，缚龙让博士生李志刚（武汉大学本科，我的硕士生，现为武汉大学城市设计学院院长）陪同我们去伦敦。原以为李志刚来英国已有年余，应该对伦敦有所了解，可以给我们导游，哪知志刚勤于学习，竟然也是第一次来伦敦。因此，我们只能按图索骥。伦敦给我一个大城市、历史城市、文化城市、历史和现代融合城市的美好印象。泰晤士河两岸庄重恢宏的古典建筑、伦敦桥、伦敦眼、大本钟、白金汉宫、川流不息的交通、便利的地铁、衣冠楚楚的行人……都显示了这个世界大都市的风采。在路上，我们向一位老太太问路，她非常认真地给我们指路，然后又不放心地带我们到目的地。她的年龄估计超过 60 岁，而她的衣着、仪态、举止、笑容却显示出高雅和文明，让我们深为震撼，留下了美好的印象。

据缚龙的建议，我们乘火车由南向北、从西向东周游英国。

第一站是利物浦，英国老工业城市和港口城市，曾在英国工业化进程中发挥过重要作用，也是上海市的姐妹城市。其教育事业也较有名，利物浦大学是世界第一所开设城市规划专业的高校。我国很多的规划专家、规划前辈，如提出了北京梁陈方案的陈占祥先生，即出身此校。1999 年，我校王红扬教授曾师从柯尔比教授在此攻读博士。

王红扬是我系城市规划本科毕业,是我的硕士生,毕业后留校攻读我的博士学位。后柯尔比教授(研究中国城市化的外国专家,著有《中国城市化》一书)来访,谈到想招一名博士生研究中国的城市化,并提供三年的奖学金,于是我推荐了王去利物浦大学攻读博士。在这里,我要介绍一下柯尔比,这位热情、友好的英国学者,外国朋友。

柯尔比(Rachirad Kirkby,中文名李才德,图8-6),1969年毕业于英国布里斯托大学地理系,1973年获伦敦建筑学院硕士学位。1974年,在中国高校复课、招收工农兵学员后,他经英国文化协会推荐,来南大任外教。因为地理学和建筑学的背景,他对中国的城市和规划很感兴趣。经学校联系,他访问了南大地理系,由张同铸、包浩生和我接待(图8-7)。他详细了解了南大地理系的发展历史。在谈及城市规划时,他对周总理总结的大庆规划的"工农结合,城乡结合,有利生产,方便生活"的4条原则十分感兴趣。他也访问了南京市规划局,由此也开启了他对中国城市的研究,以及与中国城市规划部门(从建设部到各地规划部门)的密切联系和交往,使其成为国际上研究中国城市和规划的著名学者。

柯尔比有浓重的中国情结,他的家庭前后四代均与中国有关。他的祖父母1904—1926年作为基督教公谊会(Society of Friends)成员在四川遂宁、成都农村做医务工作;他的母亲1919年出生在四川;柯尔比的第一个儿子1979年诞生在北京首都医院;另一个儿子出生在英国,在成都工作6年以后,于2019年回到英国,在曼彻斯特大学工作;女儿索菲亚2019年在南大学习中文。正因为这种几代人的中国情结,以及

图8-6 与柯尔比、哈维等人在南京合影

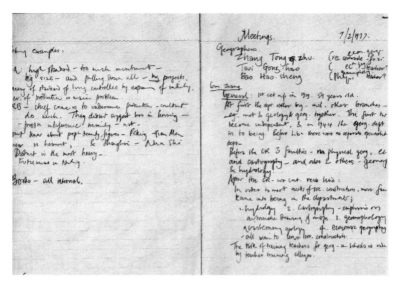

图 8-7　1977 年柯尔比访问中国的记录手稿

他对中国城市、中国文化的兴趣，使他对中国、中国学者、中国的城市规划事业十分关心，也积极参与活动。他参加了 1988 年南大主办的亚洲城市化国际会议，并是会议积极的活动者。1986—1990 年，他利用英国政府资助，在英国谢菲尔德工学院城市与区域规划系开办为建设部培训青年城市规划师的短期培训班，共办了 3 期，每期10 人，参加的都是我国规划界的骨干力量。他主持的第一期培训班中有李晓江（曾任中规院院长）、陈沧杰（江苏省规划院副院长）、童纯跃（湖北省住房与城乡建设厅总规划师）等，第二期学员有现任中规院院长王凯等（图 8-8）。

　　1985 年，他利用参加各地会议和考察访问以及自己的研究成果，撰写出版了由外国专家撰写的第一本关于中国城市化的专著《中国城市化》(*Urbanization of China*)（图 8-9），并于 2018 年再版，在国际上颇有影响。为了继续进行中国城市化研究，1998 年他来南大和我商议，要求派一位青年教师去他那里攻读城市化的博士生，我即派王红扬前往。王红扬认真完成了博士论文，同时对国外的规划理论、规划哲学、规划史都进行全面的学习与研究，这也成为他的研究特长而为我国规划界所熟知。

　　在利物浦我专门拜访了柯尔比教授，他邀请我们去他家用餐。他住在 3 层楼房的顶楼，房间面积较大，最大的特点是摆满了从中国收集来的古典家具。他开玩笑说，你们坐的椅子是明代的……他对中国文化很感兴趣，除家具外，还有书画。他的夫人在博物馆工作，与他志趣相投。柯尔比用他在郊区的姐姐的农场里送来的苹果招待我们。我们谈起了他在中国的种种情景，谈到了感兴趣的科研课题。我鼓励他撰写第二本关于

图 8-8　第二期中国青年城市规划师谢菲尔德工学院培训班成员在英国合影

中国城市化的书,他表示同意,我们一直畅谈到深夜。柯尔比至今还经常来中国访问,调查研究,准备城市化专著的资料,并与朋友们攀谈,共同讨论中国城市化的未来。

利物浦经历了英国工业革命从兴起到衰落的过程,也是正在复兴中的城市。因此,城市面貌相对比较陈旧。虽然在码头区已有复兴的起色,但不如同样在工业化后期衰落的轻工业城市曼彻斯特,后者复兴转型较为成功。当时,利物浦大学的一位中国女留学生接待和陪同我们参观利物浦大学规划系时,我们认识了西西利亚(Cecilia Wong)教授(来自中国香港的女教授,居住在曼彻斯特,每天清晨乘火车来利物浦上班,途中备课、学习,其工作精神可嘉)。她谈到她正在研究城市可持续发展的指标体系,颇有前瞻性。她还请我们在学校食堂吃饭,相谈甚欢。我们还专门去了利物浦的贫民区,破败的景象让人触目惊心。沿街的住房一楼的窗户几乎很少完整,或残破或钉有木板、箱纸,白天几无人烟。中国留学生不少人因其房价低廉,也曾住过这里。这也使我想起比利时布鲁塞尔的贫民区,还有旧中国如上海等地的棚户区,也都是外来人口居多。所以城市复兴重要的标志是贫民区的改造。今天,就中国而言,不少城市的城中村虽然较西方国家的城市贫民区好得多,但与一般住宅区而言,差距还是不小。

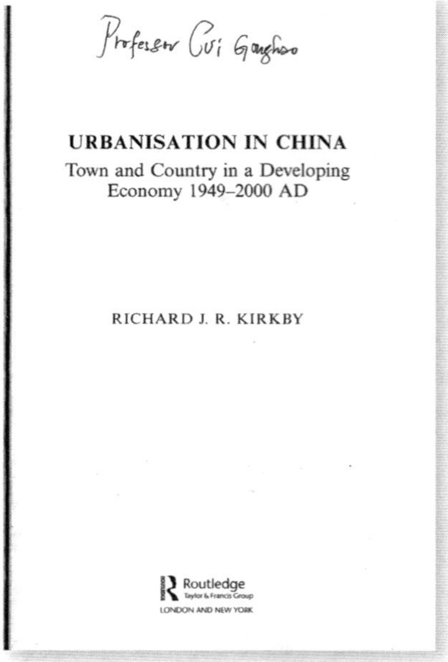

图 8-9　柯尔比关于中国城市化专著

第二站是卡迪夫。卡迪夫是威尔士的首府，是伦敦西部的一个重要城市。吴缚龙离开南安普敦后即去卡迪夫大学任教。卡迪夫大学是英国名校，校园分布广，学校很多教学楼也位于街区当中，一幢楼就是一个系（学院）。卡迪夫大学的城市规划系还培养过不少中国的城市规划师，如厦门大学的赵燕菁教授就在此取得博士学位。我们还参观了市政府，只是由于当日即返回，没有详细地进行考察。

第三站是爱丁堡。我们乘火车从南到北到达爱丁堡，爱丁堡大学王亚平教授来车站接我们。爱丁堡是苏格兰的首府，由于当时正值一年一度的爱丁堡艺术节，国内外旅客很多，旅店紧张。后来王教授把我们安排在离市区较远的一处住下，第二天带我们去市区参观。爱丁堡是著名的文化古城，不同时代的历史文化建筑保护得很好，城市由老城、新城两部分组成，不同区域有不同风格。可惜我们停留的时间太短，不能更多地了解城市。苏格兰人有自己特有的文化和习惯，包括服饰。他们喜欢穿戴格子的衣服，男士也穿短裙，还擅长吹奏长笛。苏格兰的文学、音乐都有自己的民族传统，城市浓重的文化气息也让我们受到深深的感染。

参观爱丁堡的一个很大的收获就是提升了我对"城市更新"的认识。王教授陪同我们去一处居住区参观时，我看到一排准备拆除的 6 层楼房。从外观看，我觉得还是很新的，周围环境也比较清洁，在国内这种建筑是不可能拆除的。王教授解释说，这是一片低收入人群住处，还有不少的失业者。而低收入者聚居容易引起社会问题，是社会不安定的因素。因此，市政府规划准备拆除重建，并在周边建设大型商场以及其他服务设施为居民提供就业机会。他们称之为"城市再生"（regeneration），是城市更新的一个新的阶段，即不仅是对建筑物、对环境的重建、重整（renewal, reconstruction, rebuilding……），而是社会经济结构的更新调整，这种说法使我深受启发。当时我国的城市更新多注重当时建筑，关注物质环境，而国外已深入到人，深入到社会环境，这应该是城市规划以人为本的一种体现吧！由此，我也联想到国内很多城市，包括南京，在郊外建设几十万人居住的保障房区，是否也应有这种预警的意识？王教授是研究土地利用和房地产的专家，有很多新的见解，但限于时间，不及细谈，于是我们留下了联系方式。

王教授邀请我到他家吃了一顿全是用他们自己种的菜烹调的午餐。他告诉我，市政府为了充分利用空闲的农地，鼓励市民到由市政府免费提供的郊外种田。所以，他们从国内带回来各种菜种，利用周末到郊区种菜。收获季节还把蔬菜赠送给亲朋好友，这是一种既劳动健身又丰富生活的好事。

8.5 重访加拿大

我自1986年到加拿大多伦多大学和圭尔夫大学讲学以后，虽去了美国多次，但少有去加拿大的机会。加拿大土地辽阔，经济发达，但城市、经济活动集中在与美国毗邻的南部狭长地带，东有蒙特利尔，中有多伦多，西有温哥华，三大城市形成了加拿大城市体系的支柱和经济中心。多伦多是加拿大第一大城市，我1986年访美时曾去考察。

1990年代我因为德国特劳纳教授的扬州项目结识了上海理工大学范炳全教授。我们常有交往，从而我也参加了范炳全主持的上海交通规划项目，其间认识了参与合作的加拿大蒙特利尔大学的孔图瓦（Comtois）教授。于是，我们有机会由范炳全教授带领去蒙特利尔访问。蒙特利尔位于圣劳伦斯河的一个小岛上，是一个古老的城市。城市分为英语、法语两区，法语是主要语言。两区建筑风格不一。孔图瓦教授是蒙特利尔大学教授，也是人口研究中心主任。他邀请我做了"中国城市化"的讲座。

在蒙特利尔，我的一个最大收获是了解或理解了大都市区的管理的做法。美国和加拿大各主要大城市都建立有大都市区，都市区由中心城市及周边范围内的城市组成，设有都市区委员会来协调都市区内各城市建设中的问题。委员会本着"地位平等，利益共享"的原则进行运作，委员会主席由都市区内城市（不论大小）市长轮流担任，都市区的运营经费由各城市按人口规模分担，都市区内建设项目由收益城市出资建设（如城际铁路就是由各途经城市出资）。虽然我没能详细了解运作过程和项目实例，但这些原则还是值得国内城市，特别是都市圈、城市群参考的。

我们还参观了魁北克老城，这是一个充满法兰西风情的历史文化名城，北美唯一被列入世界文化遗产保护名单的城市。古城有鹅卵石铺就的街道，17世纪的教堂、城堡，色彩鲜艳、乡村风格的建筑，古城气息扑鼻而来，让人流连驻足。

8.6　韩国首尔之行

由于一个偶然的机会，美国塔夫兹大学的北太平洋城市研究中心邀请我去汉城为博士生班讲课（还邀请了北京外交学院的一位老师一起，中方共2人）。该研究中心是一个为北太平洋沿岸城市的大学培训博士生的教学研究机构。每年选择北太平洋沿岸某个城市举办博士生短期培训班，每年一期，一期30人，为期2周。这一年他们选择在汉城开办。为照顾举办城市，韩国学生占1/3，其余为日本、美国等太平洋沿岸国家学生。课程内容分为两部分：一部分邀请当地教师讲其所在国家和城市的社会、经济、文化、城市建设等内容；另一部分由受邀讲课的老师讲授其国家的相关内容。我讲课的内容是中国的城市发展和城市规划，培训班的重要部分是参观和讨论。

韩国，我是第一次到访。飞机到达汉城上空时，我俯瞰汉城，印象深刻的不是汉城的市区，而是郊区一排排有红、绿、蓝色屋顶的低矮的一二层高的农宅。到了汉城，初步了解些情况，才知道汉城实际的城乡差别还是比较大的，特别是城乡收入水平。汉城郊区的农民更多是依靠种植人参来取得收益的。但种人参很耗地力，几年以后田地就必须轮休。培训班除了上课，也安排了我们参观汉城，参观了著名的景福宫，去外交部座谈。我印象很深的是那里室内温度很高，据说规定室温不能低于26℃是为了节电（时值8月）。我还发现汉城市内小轿车均是韩国产，绝少见到外国车。周末，培训班去郊区的韩国最大的现代汽车集团参观，广场上是一排排出厂的汽车。晚上我们住在职工宿舍，有桑拿浴的设备。

汉城老城位于汉江以北的一片丘陵、平原相间的区域，是一座古老的城市、首都、行政文化中心。由于人口集聚（占全国人口1/3以上），城市利用召开奥运会的契机向汉江南岸扩展，并且通过十几条过江通道（包括桥梁、隧道、地下通道、铁路、地铁、公路），将河两岸紧密连接在一起，南汉城成为现代化的新城。汉江南岸的滨江绿地则设置有体育、文娱设施,供市民游玩。而汉江中的洲岛——汝姆岛(我们参观了)则是国家行政中心(国会等)的所在地。这种城市规划和建设的手法值得借鉴,特别是南京,与其十分相似,跨越长江。汉城向南,南京向北扩展。南京过江发展,从1990年代初讨论起,一直进展甚少,江北地区长期以来作为工业区进行建设,缺少城市设施,以致已迁校至江北的南大、东南大学将新校区重新选址到仙林和江宁。虽然江北新区被批准为国家级新区,为江北提供了很好的机遇,但江北的城市建设和公共设施仍不尽人意。尽管长江不是汉江,但规划建设理念的差距还是客观存在的。

在汉城我还经历了两件令我印象颇深的事:一件是培训班班长韩同学,是现代集团老总的儿子。他邀请全体老师、学生去他家作客。傍晚,一辆旅行大巴载着我们全体人员前往。他家在青瓦台半山坡的富豪区(青瓦台也是韩国政府所在地)。晚上天色已暗,到达他家时,两排、十几个服务员列队欢迎我们。室内布置富丽堂皇,一间间屋子摆满了酒类和食品。集团韩老总亲自接见叙谈,谈话中,他得知我和他年龄相仿,因此我们谈得很投机。他谈到喜欢和中国人做生意,不喜欢日本,日本侵略韩国的历史记忆犹新,永不相忘。我也盛情希望韩总到中国投资,他表示同意,说已有企业在中国发展,还将扩大规模。他还给了我名片,以便联系(后来,江苏江阴市要去韩国招商,我还专门写了一封信,让市里带去找韩联系,据说还有收效)。另一件事是学员们十余天的相处,大家感情很好,也发现班长和一位日本女同学关系较亲密(女学生生得很清秀、典雅),大家觉得是很好的一对跨国之恋。当然,这只是大家的愿望,培训班结束后也不知结果如何了。在与日本女博士们聊天时,就问她们博士毕业后打算从事哪些职业?她们的回答出乎我的意料。她们说我们读博士不是为了就业,而是获得一个资格、身份,以便找到地位相当的对象,结婚后还是在家相夫教子。这和中国女性自力更生的"半边天"的心态完全不同。

8.7　首登台湾地区

受台湾大学姜兰虹教授的邀请,我和顾朝林教授去台湾讲学。对我国宝岛台湾,我心向往之。国内各省区,除西藏因高海拔而未去过外,我几乎都去过,所以很想去台湾,以遂心愿。接到邀请,我十分高兴,和顾朝林商量了讲课计划,我主要讲小城镇。

按计划,我们从台北入境,先在台湾大学、台湾师范大学讲课(图8-10),然后穿越台湾经济最发达、城市最多的西岸地区,最后,从高雄出境。后来,台湾地理学

图 8-10　访问台湾期间与当地教授合影

界同行知道我们来访的这个信息，纷纷邀请我们去该校讲学，因此，又增加了台中、台南的彰化师范、台南大学等校的讲学，给了我们结识台湾朋友、参观台湾各城市的机会。在台北，我们在台湾大学、台湾师范大学地理系、台湾政治大学做了报告，拜访了台湾大学城乡规划研究所王鸿楷所长和华昌宜、夏铸久教授等人（研究所师生几年前曾来南京访问时由我接待，并陪同考察了苏南等地），参观了台北市（图 8-11）。给我一个很深的印象是台北市容较乱，人行道宽窄不一，时有建筑占道，其主要原因是土地私有，政府很难干预。但街道还是很整洁，市民彬彬有礼，见人微笑致意。我们参观台北著名的小吃街，还发现这里已经有电子控制进出人流量的设施。小吃街人来人往，喧闹拥挤，摊位密布，座位窄小，但人们乐此不疲。我们在此吃了著名的台湾卤肉饭、三杯鸡等，算是领略了市民的生活。我和顾朝林还参观了台北市区。之后，我们还参观了卫星城市中和市。

高雄是台湾地区第二大城市，也是世界著名的港口，但近年已渐衰落。为此，高雄市讨论研究行政区划调整问题，计划将高雄县并入高雄市，扩大港口规模，重拾往昔。

在台湾，我们还参观了阿里山、日月潭。姜兰虹教授等还陪同我们在细雨中品茗

图 8-11　与顾朝林在台北圆山饭店前合影

台湾的高山茶。由于行程匆忙，我们来不及考察台湾的其他城市和风景区，只能留待来日了（后来我们有机会第二次去了台湾）。

8.8　香港研修

我对香港最早的印象是 1985 年去香港办签证，以及 1986 年 8 月自美回国，在香港参加的海峡两岸的地理学会议，但总的印象不深。嗣后，我多次通过会议接触到香港朋友和香港的专业书刊、学术成果，觉得香港无论是城市发展，还是学术研究，还是很有特色的。香港大学的城市规划研究中心也负有盛名，因此，接到研究中心叶嘉安教授邀请到中心访问三周的信息，我十分高兴（我和叶嘉安教授初次见面是在香港1986 年的地理学会议上，后在一次叶教授来南京访问其他单位讨论课题时，邀我参加，由于接待方的语言困难，我给了些帮助，由此和叶教授熟悉起来）。

研究中心是一个非常精干高效的教学科研单位，因创办人郭彦弘教授回美国夏威夷大学，就由英国教授（环境生态方向）任主任，叶任副主任。中心主要是培养硕士和博士生，接受境内外科研项目，人数不多（十余人），但精英荟萃，均具有国外教育背景。研究主要领域集中在城市发展和城市规划，如土地、房地产、交通、规划、环境等。每个教授都有自己的专业领域和联系密切的单位,都很有能量,在香港、国外和企业界都有影响,接受政府、企业、个人资助举办各种学术活动,非常活跃。而且,由于香港地方不大,高校不多,人才缺乏,因此香港政府广罗人才,待遇优渥,如美国的副教授来港工作即可享受相当于美国教授的待遇。中心学术交流广泛,常邀请世界各地的学者来此访问、讲学。我去中心时,还有一位联合国人口署的学者在中心研究。

　　三周的香港之行,对我是一个难得的机会,让我仿佛又回到了美国访问时一样。一是充分利用香港学术思想活跃、学术交流频繁、学术资料丰富的优势,抓紧时间阅读、交流、参与。在中心,我应陈振光副教授之邀,给研究生讲了一次"中国城市化"的课。陈振光毕业于英国牛津大学,在撰写博士论文时来南京和我交流,成为朋友。后来,我邀请他一起去湖北研究考察汉江开发问题。在讨论襄樊市的基础设施发展时,他说因基础设施建设耗时长,建好后调整又难,对基础设施(公路、铁路)建设要有长远眼光,要按照城市远景规模来规划。襄樊市当时有50多万人,他说应按百万人口规划。这些观点让我颇有启发。随后我们又一起到十堰市考察,了解分散布局的特点。除了讲课,我还写了一份用作交流的材料《江苏省的城镇体系》,更多的时间则是阅读这里的图书资料(包括复印的)和参加各种会议。令我钦佩的是中心举办的各种国际学术活动。在我的印象中,在内地要办一次国际性的活动相当复杂和困难,不仅是申请的手续,还有人员邀请、会议事务等。1988年第二届亚洲城市化国际会议把我搞得筋疲力尽。而在这里,事情似乎很简单,每一位老师,甚至只是讲师,也能召开、组织国际会议。我就此详细了解和请教了香港同行。他们说,在全球化背景下,学者都乐于参加各种学术交流活动。组织会议,关键之一是好的主题,会议的主题要具有时代性,是共同关注的焦点;二是主题演讲人要有一定影响。会议的经费很简单,有参加者的会议注册费和争取来的资助(基金会、企业、学校可提供,在香港很多企业愿意资助学术会议,这对于他们来说也是一种宣传),至于住宿、交通交由接待的酒店、宾馆安排,会议组织者只需办理报到及把会场安排好即可。为此,我很佩服那些中青年教师的能力和魄力。中心还有一个很好的做法是将各种会议的状况、研究课题的成果、学术讲座内容都及时整理刊印(我的《江苏省城镇体系》也被刊发),不定期地作为中心的交流刊物分发给国内外各个相关的单位,扩大了中心的影响。

　　在香港三周,我尽量利用时间(主要是周末两天)"丈量"这个"东方之珠"。我到过香港岛半山高档别墅区、水岸边的木屋区;去过金碧辉煌的大酒店,也十分欣赏那便宜美味的大排档和美心小店;从港大顺小店间的斜坡支路直至海边,感受到土地开发的艰难和珍贵；利用香港十分便利的公共交通，从起点到终点，穿越市区。我还喜欢坐在双层电车的上层最前排，利用开阔的视野，摄下香港的市容。中环高贵大气的建筑和高档消费，旺角女人街、男人街的熙攘的市井氛围，维多利亚湾两岸的高耸的现代化建筑和旺角一带牙签式的密集的楼房，新界卫星城牌楼式的住宅，以及办公楼地区整齐清洁的木道和闪烁着耀眼霓虹灯的夜总会地区繁杂的街巷，都显示了香港的阶层差别和兼容的文化。

我参观了香港规划署，在二楼走廊里挂满了各种规划图纸，在一个房间的窗台上，放着各种规划资料和香港市情供免费取阅。我也仔细地看了拆迁、改建、改造图纸和说明的公示栏，也听说要征得大楼一户户落实的拆迁很难，与内地限定时间就可完成任务的情景不能相比。

香港规划编制中的公众参与工作是做得相当不错的。我看到过香港规划署编印的应答市民对规划方案意见的材料，几百条意见逐条回答，厚厚的一册。这还是第一轮，后面还有第二轮。而当时内地的规划征询市民意见，大多只是在规划编制完成后公示，意见已难以修改。南京市在这方面做得比较好，规划编制过程中会召开市民座谈会，还对积极参加的市民予以奖励等。

位于港岛上的太平山是香港市民健身活动的好地方，也是俯瞰香港全景的最佳场所。由香港大学去太平山十分方便。因此，我也登过几次。一次在登山途中，我遇见了几个五六十岁的男子讲着上海话，于是一起攀谈起来。他们都是1960年代困难时期和1970年代"文化大革命"时期来到香港的，他们也谈到香港的繁荣与几批内地（上海）人来港有关。1949年前后的一批上海人带来了资产，1950—1970年代来的这批人带来了技术和管理等经验，他们在香港艰苦经营，成就了一番事业，对于内地还是充满了感情。

香港的卫星城（主要在新界）建设是相当成功的。因此，我趁去香港中文大学访问之便参观了相当成熟的沙田镇。沙田镇是香港最早的一批卫星城之一，附近又有香港中文大学。因此，设施比较完善，公交直达，商业繁荣。

在香港期间，我还拜访了香港大学地理系主任梁志强教授（我们有多次交往，他还接受我系武进老师去那里工作）、薛凤旋教授，香港中文大学杨汝万教授（亚太研究所所长，是一位十分勤奋、敬业的学者，著作等身，为人谦和热情，曾与我多次交往合作，还陪同赴大屿山岛考察，我还留宿他家），地理系的黄钧尧教授、朱剑如教授等。香港大学校内通用的是英语（教学、交流），而香港中文大学则是中英文皆可。十分可贵的是香港中文大学珍藏有丰富的中文书刊资料，我也曾去参观，其中有很多确实是我所未闻未见的。

8.9 澳大利亚见闻

21世纪初，我和一些年轻教师（博士毕业留校工作）及南大规划院上海分院一些人员去澳大利亚游览考察。澳大利亚是令人向往的国家，悉尼大桥、悉尼歌剧院的英姿给人们留下深刻的印象，而澳大利亚的城市规划和建设也一直为人们所乐道。悉尼是澳大利亚第一大城市，也是美丽的海滨城市，沿海分布着众多的海湾。悉尼市给各海湾赋予不同的功能和品质，配以不同的公共服务设施和空间安排，如情人湾等，游人如织，效果很好（我们回国后也曾给一些海滨城市介绍这种做法）。当晚，我们在海湾游览时，正值澳大利亚国庆之夜，绚丽的焰火升起，人们一片欢呼，让我们也感受到节日的气氛。我们参观了悉尼歌剧院，王红扬一直在关注歌剧院外路面铺装的道钉（铆钉），赞叹说施工是多么细致。悉尼既有喧闹的海湾，也有宁静的海滨，而市区也是新旧景观兼有，也有相对集中的华人居住的唐人街。在悉尼大学的伍宗唐教授的介绍和陪同下，我们也看了不少旧城改造的项目（图8-12）。

图8-12　悉尼歌剧院和河滨仓库改建的住宅与公建
资料来源：王红扬拍摄

谈到澳大利亚，我需要介绍一下对中国、对南大很友好的伍宗唐教授。伍教授原籍中国香港，后去悉尼工作。我们初次相识于 1986 年海峡两岸地理学大会，以后多次在香港和国外的学术会议上相遇。他是一个非常活跃的热心教育事业的人，是悉尼大学负责外事的副校长，组织了多次学术交流和人才培训工作，为人热情，乐于助人，曾计划接受我系学生攻读博士与来我系讲学。后伍教授来南京时，学校领导还专程邀请接待。嗣后，我们又有多次合作（后文将详述）。

墨尔本是一个优美的城市，如果说悉尼是一个商业化的城市，那墨尔本就是一个文化城市。墨尔本大剧院设施不比悉尼歌剧院差，而且很有特色，给我们留下了深刻印象。

在澳大利亚首都堪培拉，我们参观了湖边的城市规划展览馆，仔细地观看了在国际规划界享有盛名的堪培拉城市规划国际竞选的优胜方案，品味着它的 Y 字形的空间结构形态所蕴含的前瞻、弹性的规划理念，颇有感触。我们还到了布里斯班等城市，感觉澳大利亚每个城市的特色鲜明，包括它的形态、功能、布局、建筑，乃至城市氛围，与我国城市虽然定位、功能不同，但千城一面的状况迥然有别。

下篇
老骥伏枥——学科和规划的新探索（2004年至今）

随着21世纪新千禧年的到来,世界迎来了一个崭新的时代。国际政治风云变幻,地缘格局调整——世界重心从欧美转向亚洲,从大西洋时代进入太平洋时代。全球化更加深入,"人类只有一个地球"的共有共享理念深入人心。改革开放以来,国内经济打下了坚实的基础,区域格局从东部集中趋向东西均衡(中部崛起、西部开发),一片片战略性区域遍地兴起。城镇化加速,2011年我国城镇化率超过50%,中国社会正走向城市主导的城市社会。城市群、都市圈、都市区等众多类型的城市形态蓬勃发展。以科学发展观"五统筹"和新时代"五大发展理念"的新的理论为指引的中国经济、社会、城市、乡村进入了新的发展阶段——生态优先、区域均衡、社会公平、城乡一体、乡村振兴,中国进入新的历史发展时期。

在这样火热的转型变革年代,中国的规划界又将如何?又在做些什么呢?各个相关学科又在关注什么呢?这个时期规划界最重大的改变是规划属性已从单纯的技术文件转变为公共政策,从而导致规划理念、内容和方法上的调整。同时,规划形势也出现了很多新气象、新变化。①规划事业蓬勃发展。自"十一五"时期起,国民经济社会发展计划改为规划后,从国家发展与改革委员会以及各部门、各行业到各省、市、县地区,都认识到了规划的重要性,规划既对未来发展起导向作用,也是争取政策、争取资金的重要手段。②空间性规划受到重视。空间是资源、资本、资产,空间价值逐步为各部门、各城市所认同。继而各部门争夺空间话语权的矛盾显现,同地、同时、同类规划纷纷出台,出现种种乱象,相似、相近、重复、矛盾,各自为政,浪费资金、人力、时间,最终影响发展。③区域性规划风起云涌。随着众多的城市区域和新区域的出现、国家批准的战略性规划(包括新区、开发区、资源节约型区域、生态保护区、扶贫区域、各类示范区)的落地、主体功能区划的推行再加速、跨区域和县域的战略规划的编制,各类、各层次区域规划成为这个时期最为热门、最为兴旺的规划类型。因此,21世纪以来是规划事业的新的黄金时期。然而,正因为规划中的种种乱象,人们也意识到统一规划、建立规划体系的重要性和紧迫性。从而迎来2018—2019年中国规划事业的重要历史性事件——统一规划体系和国土空间规划体系的建立。2018年发布的《中共中央 国务院关于统一规划体系更好发挥国家发展规划战略导向作用的意见》中明确了"以发展规划为统领、国土空间规划为基础、专项规划和区域规划为支撑的统一的规划体系"。2019年，中共中央、国务院又颁发了《中共中央 国务院关于建立国土空间规划体系并监督实施的若干意见》，明确了由"五级"（国家、省、市、县、乡镇）"三类"（总体规划、详细规划、专项规划）构成的国土空间规划体系。两个文件的颁布实施，使我国的规划事业第一次走上全国统一、规范有序的轨道。

新千年人类社会进入了城市时代、生态时代、信息时代、全球时代，也处在百年来未遇的大变局中，新与旧、兴与衰、先与后、升与降、大与小、分与合、贫与富、虚与实，种种发展中的对立、统一在城市、乡村、产业等各类空间、各项要素中动态变化。创新驱动、合作共享、人地和谐、时空统一的理念勾勒出人类社会未来发展的前景，也大大促进和带动了城市、区域、地理与规划学科的研究，在丰富多彩的实践基础上的中国特色理论创建正在兴起、涌现。

第 9 章　新时代、新形势、新规划

9.1　退休之愿

按规定，我们这批教育部批准的"老博导"应在 70 岁退休（由学校批准的"新博导"65 岁退休）。于是 2004 年 5 月，我也加入了退休大军。然而，对专业的热爱和学科的兴趣，在业界、学界的影响力，以及对退休后"生命之路"的期盼，都使我走上了"人退休，身未休，心尚热，志犹在"的发挥"余热、余志"的新的人生道路。

按我们家乡的习惯，"逢十"的生日是按照虚岁过的，即"过九不过十"。我 70 岁生日（实际 69 周岁）正是"非典"（SARS）流行期，因此就放在 2004 年 70 周岁过了。我是一个不喜欢张扬的人，因此，当张京祥、朱喜钢、王红扬等弟子提出要为我办 70 岁寿宴时，起初我是不支持的。但他们热切的盛意使我感动，于是同意举办，但希望缩小规模，邀请的人主要限于我直接指导过的研究生及少量的至亲好友。为避免太惊动朋友，在陈家祥（当时为南京高新技术开发区规划处长，我的博士生）的提议下，祝寿会放在浦口高新区举办，为的是因为交通不便，可以减少参会人数。弟子们为了办好这次寿宴，作了精心准备。一方面，收集整理了我有关城市、区域和规划研究的文献交由中国建筑工业出版社结集出版（图 9-1）；另一方面，对祝寿活动（出席和邀请名单、活动议程、会议组织、各种事务性工作等）作了非常细致、具体的安排，一切的费用均由他们负责。

2004 年，我 70 岁生日的祝寿活动还是非常热烈和隆重的。感谢各位领导、朋友、老师和同学们的抬爱，不辞劳苦，过江专程来参加活动（图 9-2）。时任江苏省委研究室副主任范朝礼，省建设厅厅长周游（我的博士生）、副厅长张泉，南京市规划局周岚局长，校党委副书记、副校长洪银兴以及院系领导都参加了。建筑研究所在读、来自台湾地区的博士生（我也参与指导）也参加并赠送了礼品，浦口校区本专业的一、二年级学生闻讯也来参加，参与人数升至百人。

图 9-1 《区域·城市·规划》
注：中国建筑工业出版社出版，2004 年

图 9-2 在浦口举行的 70 岁生日活动合影

70 年经历，感慨万千。我要感谢这个时代，如果没有 1949 年的解放，我不可能进入高中学习；如果没有 1952 年的大学统招和免费入学，我不可能进入大学的殿堂；如果没有改革开放政策，我不可能步出国门，走向世界，进行国际交流。因此，我感谢这个时代，为这个时代欢呼，又愿为这个时代贡献自己的一生。我感谢南大，是南大给了我知识，给了我政治生命（入党），给了我走向社会的平台，给了我从师长、朋友、学校氛围中学到的做人、做事、明理、求真的道理。我也要感谢所有曾交往的

师辈、朋友、同行、同学。一个人的知识是欠缺的，一个人的能力是有限的，正是你们真诚的支持和帮助，正是从你们身上学习到的知识、见解和方法，才使我能在事业中取得一定成绩，在学术中有所收获。为此，我给自己退休后的安排定了三条目标：一，活到老，学到老，追赶新时代，为规划事业和学科发展、为中国的城市和区域发展尽微薄之力；二，不辜负创业的艰辛和校友的期盼，努力推进南大规划学科发展；三，作一块坚实的铺路石，助力青年一辈茁壮成长。

在这样一个充满变动、转型、创新的时代，中国的城市与区域规划进入异彩缤呈的时期：从宏观到微观，从增量到存量，从综合到专项，从大尺度的国家、地区、省市到社区、村落，从发展到保护、治理，从技术工具到公共政策……一片兴盛景象。而我由于时已退休，角色转变，只能少量参与，更多的是咨询、评审，以及对规划问题的思考。

9.2　总体规划编制

总体规划作为城市规划体系中最核心的部分，受到政府和规划学界的重视，也是规划转型变革的重心。针对总体规划的内容越来越多、成果越来越厚、编制时间越来越长、编制经费越来越高的状况，建设部（即后来的住房和城乡建设部）提出了总体规划编制改革的要求，综合各方意见，认为城市总体规划应重在"定位""空间格局"和"要素配置"。同时，总体规划编制的方法有新的改进，总的趋势是从精英规划走向大众规划（广泛吸取民意）。同时，采取广泛吸取国际经验，由中国精英和国际精英联合在规划项目招标，邀请国际专家承担专题、参与调研、讨论方案等方式，推进规划与国际的接轨，提高规划科学性。在这方面，我认为南京市规划局为南京江北新区总体规划所采取的中外专家组并行互通的方式还是很有意义和成效的。

南京长江以北地区拥有原六合、江浦两县（现为区）和浦口、大厂两镇，面积2451平方公里，占南京市域面积的37%，2020年人口234.47万人，占南京市总人口的22.7%。对于跨江发展的南京来说，江北发展一直是南京发展中的心中之"结"。江北在近代即有先进产业的发展历史。1934年，范旭东来宁在江边卸甲甸建立永利化工厂（宁厂）。1912年，津浦铁路通车，通过轮渡贯穿了长江南北交通。新中国成立后，南京成为工业城市，而江北更是化工、发电、钢铁等重工业基地和水陆交通物资（煤炭等）中转枢纽。由于长江的阻隔（长期仅南京长江大桥一桥）导致南北地区开发程度、经济发展、公共设施、人口分布、消费生活水平的不平衡。作为江苏省省会、国家重要的区域中心城市，南京的一江两岸整体发展是一个重要目标。因此，历届市政府也非常关注江北问题，关注江北何时发展、发展什么、何时启动？在1990年代初编制南京总规时，我就承担了江北发展的专题，研究江北发展的可行性。当时调研的结论是"时候未到"。1990年代中期，顺应东南大学、南大相继在浦口建立分校之际，南京市借鉴国外高新区发展依托高校的经验，在两校之间建设了南京高新技术开发区。在政府支持下，不少企业、单位也在江北落脚。但由于人力资源、科技条件、公共服务设施、交通条件等问题，大量通勤交通产生，东南大学、南大相继撤出江北，在江南的江宁、仙林另选址建分校，高新区部分企业随着政府"一区三园"（南京高新区、江宁和新生圩两个开发区）政策也迁至江宁等地，使江北的发展形势更加严峻。改革开放以来，江北地区虽然也有相应发展，特别是工业企业（如上百平方公里的特大型化工区），也新建大量住房，增加不少就业人口，但依然不是人们认为的宜居之地、活力城市。究其原因，个人认为除了有长江阻碍的交通问题外，一是思路问题，长期以来，政府把江北作为一个工业区来建设，重视产业发展和大交通建设，不重视民生，不按照城市要求建设各类公共设施，以致城市面貌不新、公共服务设施配套不足、环境条件差，造成昼夜人口比高、通勤交通频繁。二是江北发展的方向不明、定位不清，从而建设标准不明。江北地区在南京市的地位是南京的一个区、副中心、相对独立的城市或与主城共同构成中心城区，长久以来并没有确切的提法。三是对整个江北空间本底和使用状况缺乏深入分析和评估，以致《苏南现代化规划》中提出其是"苏南难得的成片可开发土地"的不实结论。四是行政与利益主体多头，县、区、大厂、大所的行政地位相当，难以协调统一。

在面临新的发展和多城市竞争国家中心城市的背景下，南京市加强对江北发展的关注，于2013年决定单独研究和编制江北地区总体规划（包括战略规划）。南京市规划局非常重视这次的江北地区总体规划，采用一种新的开放式规划的形式，邀请中国城市规划学会（UPSC）和国际城市与区域规划学会（ISOCARP）针对江北地区发展的重要问题，各推荐6名专家分别组成专家组，同时开展工作。国际城市与区域规划学会推荐的为：印度的迪鲁·塔塔尼（Dhiru Thadani）、澳大利亚的杜·马丁（Martin Dubbeling）和阿瓦斯·皮拉查博士（Dr. Awais piracha）、波兰的托马斯·麦吉达博士（Dr. Tomasz Majda）、马来西亚的黄博士（Dr. Liang Huew Wang）、荷兰的范·悠思先生（Jos Verweij）。中国城市规划学会推荐的为：崔功豪教授、石楠副秘书长、吴志强教授、全永燊教授级高工、赵民教授、王富海教授级高工（图9-3）。同时还设置6个专题，邀请有关单位承担：新型城镇化转型示范

图 9-3 与石楠副秘书长、吴志强院士在江北评审会上

路径（南大）、产业转型升级与布局（南大）、生态低碳新区建设（山东大学）、综合交通体系规划（南京城交院、铁四院）、总体城市设计（东南大学）、公共设施专项研究（南京规划编研中心）。中外专家组从 2013 年 7 月至 2013 年 12 月开展调研、讨论、咨询、评审等过程，共举行三次咨询和评审会，提出了各种意见和建议。外国专家组从他们的视角和经验提出了针对性意见（图 9-4）。意见归纳起来包括以下几方面：①强调规划重心应放在民生、健康和安全环境上，规划应以区域层次的空间战略构想为基础；②把生态环境保护作为规划的起点和着眼点，提出江北新区的蓝绿和蓝红策略，以有效提升抗洪能力，减少气候变化的影响；③规划引导江北新区打造独特的品质，以及富有特色和吸引力的新城市，建设成可持续、低碳发展的宜居城市等，同时应成为引领制造业大省转型、创新升级的试验区；④提出应最大限度减少跨江需求，提倡以"公共交通为导向"的开发模式，引导城市布局和开发调整；⑤指出在大量的不确定因素下，规划需要用多情景模拟、动态弹性的规划方法。专家的意见得到南京市政府和江北新区政府的重视，而且组织相关部门逐项落实具体提出的内容。南京市规划局这种做法真实地吸取国外经验，尊重专家意见并给予答复和落实，切实、有效地发挥了国外专家的作用，为规划事业的国际合作提供了有益的经验（表 9-1）。

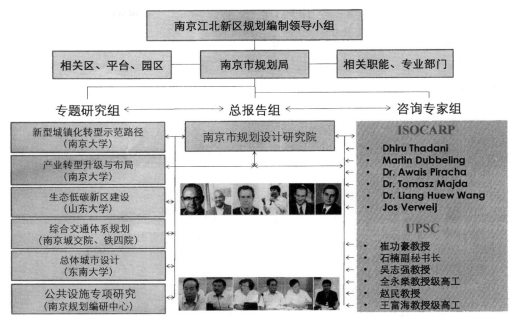

图 9-4　江北新区总体规划工作流程

江北新区总体规划意见反馈与回应　　　　　　　　　　表9-1

ISOCARP主要意见	意见反馈回应
1. 为公众利益规划，保证公众参与 规划的重心应放在民生、健康、交通便利上，以及宜居的清洁又安全的环境。不管是现在的还是未来的居民都应该参与这一规划	——规划将以人为本和环境品质作为重要的规划理念，从保护并优化环境要素、交通和配套服务等方面落实，体现宜居城市的要求 ——方案已征求浦口、六合及相关园区的意见，后续还将开展一系列的公众参与，广泛征求意见
2. 区域层次的构想 规划应该以区域层次的空间战略这种构想为基础。这样的空间战略跨越了区域、城市的传统分界线	——本次空间战略打破常规规划层次的约束，既有宏观发展战略，也有细节的中、微观引导
3. 蓝绿和蓝红战略 为创造一个安全的生活环境，避免自然灾害，急需江北新区开发蓝绿和蓝红策略，提升有效抗洪的能力以减少雨季和旱季气候变化所带来的影响	——加强和补充生态要素分析，整合形成蓝绿生态框架，明确城市生态保护空间 ——增加水系梳理、水源涵养、蓄水、储水空间分析，形成水资源安全规划空间体系，并制定防洪工程专项规划
4. 江北作为南京的一部分，独特的品质和定位规划须引导江北新区打造独特的品质和定位，应对与其他地区的竞争	——树立特色将是提升新区竞争力的重要着力点的观念 ——方案从整体环境、文化传承和城市设计的角度，提出对新区特色的设想

9.3　战略规划2.0

自21世纪初广州战略规划开启了我国城市战略规划的大门起，差不多近五年时间内，全国各主要城市都先后编制了规划时限至2020年（展望至某年）的战略规划，成为我国城市发展和规划史上的重要事件。第一轮战略规划的特点可以归纳为：①对全球城市新的战略规划潮的借鉴。21世纪初，世界主要城市，包括纽约、伦敦、东京、悉尼、首尔、新加坡几乎都在编制战略规划，其成果成为我国城市规划编制的重要借鉴。②增长型的战略规划。适应了我国"十五"规划、经济社会发展和城镇化加速的需要，尤以城市空间拓展为特征，"东、南、西、北、中"的城市空间发展战略，成为各城市发展战略规划的重要内容。③经济性、物质性的战略规划。以资源消耗、环境占有为前提，生态、文化、民生明显考虑不足。

21世纪第二个十年，我国步入了城市社会。2011年，我国城镇化水平超过50%，经济社会发展进入了重要的转型发展时期，资源环境的矛盾日益突出，空间过度发展带来了资源的极大浪费，土地城镇化超过人口城镇化，阶层差异的社会矛盾开始显现。住房、交通、环境、公共服务设施等城市发展中的城市病和民生短板影响到城市的健康发展。加之国际形势的变化、科学技术发展和新产业、新业态的出现，增加了未来的不确定性，需要深入预判、预测，而互联网信息技术的应用大大丰富了规划技术方法。因此，新加坡战略规划十年一调整的经验、世界多数大城市战略规划的相应重编等，均促进和推动了我国新一轮城市战略规划的编制，战略规划进入了2.0版时期。

在新一轮战略规划中，我主要承担两种角色：一是作为总指导（顾问）参与南大承担的战略规划项目，如广东汕头城市发展战略规划（2012年）等；二是作为专家参与相关单位的项目咨询评审活动，如上海、南京、长沙、成都、武汉、宁波等城市的战略规划。在2.0版战略规划中，我认为有如下几点思考和做法是颇有意义的。①针对未来发展的多种不确定性，采用情景分析法，提供各种可能情境下的规划方案，从而提高适应性。如汕头城市战略规划（我为指导，王红扬具体承担）共设计了十种情境方案，进行对比分析，获得了地方政府和专家的认可和高度评价。也因此，汕头战略规划获得国际城市与区域规划学会2012年度规划卓越奖。②重视城市发展因素的不可变和可变。针对未来发展的不确定性，详细罗列和分析城市发展的可变因素（资源、产业、规模和空间的方向、形态、结构、交通……以及联系、科技等）和不变因素（区位、历史、文化、环境、地域关系），及其对未来的影响。③利用各种先进技术和科学方法（包括遥感技术、大数据），对尽可能多的相关因素（特别是自然和生态因素，包括气候变化和生态多样性）作全面的分析评价，提高科学性、全面性。中规院在对苏州的战略规划研究中作了很好的示范。④采用"头脑风暴"的方式开展预研究。不预设方案，邀请专家对城市的未来发展和规划做法提出各种观点和意见，集思广益。中规院上海分院在对武汉、长沙、成都的战略规划中都采用了这种方法，取得了很好的效果，我也参加了会议。⑤广泛的公众参与，把事后公示改为事中参与。宁波市战略规划编制中，针对 20 多项专题规划逐一进行广泛的讨论，报告人、政府、专家和市民（依场地大小，均可参与）同聚一堂共同进行讨论，大大提高了市民对规划的知情权和参与的主动性、积极性（我也参与了好几场讨论）。

（1）汕头战略规划

南大规划专业对城市战略规划有一种专业的亲切感。在 2001 年第一轮战略规划期间承担了多项城市战略规划任务，并在杭州市战略规划方案竞赛中获胜，规划成果得到普遍赞誉。十年以后，在战略规划 2.0 版时期，南大又在汕头市城市战略规划中，从深圳城市规划设计研究院 + 中山大学、广东省城乡规划设计研究院三家团队的方案竞赛中脱颖而出。汕头战略规划由王红扬教授负责，我作为指导。

《汕头市城市发展战略规划（2012）》是汕头特区 30 年、特区范围扩大到全市域、宏观经济剧烈转型之际一次全新的顶层设计，是一个具有挑战性的规划。规划直面汕头特区 30 年发展的困境及由此而来对潮汕文化、社会与经济的激烈批评直至自我否定的情景，先明确提出汕头发展的最大战略问题是始终未能找到"根植性与时代性兼备的发展模式"。规划认为，好的战略不是推翻本地基础"另起炉灶"，强行移植发展模式，而应当立基内生发展，契合外生机遇。规划将我国宏观经济社会发展归纳为改革开放前 30 年为"现代化 1.0"时期，即短缺经济、数量扩张、外生发展、一招制胜的传统工业化、城市化发展期和当前正向"现代化 2.0"转型时期，特征是一般供给过剩、需求升级、讲求品质和差异化、必须综合优势竞争。由此对照宏观背景，系统分析汕头自身条件及发展模式演变，凸显出汕头在工业化时期做商业、现代制度化进程中执迷于非正规化、经济高级化阶段又试图走传统工业化的发展模式错位与冲突。但高视野的宏观分析提供了新的启示：汕头具有天赋与"现代化 2.0"及其宏观政治相契合的独特优势，潮汕文化、经济的独特性与新经济趋势的内在协调性，汕头在全球经济、文化、社会、区位与山水格局中的品质和中心性等种种特质。

为了寻找根植性与时代性兼备的发展模式和空间战略，规划猜想了 10 个发展情境，包括从工业化大推进、园区大发展、中心城大跨越这类现实政策层面具有高度普遍性的模式，到单中心集中城市化、局部重点整合、多中心原肌理选重点、着力跨境合作、慎对扩张—优化结构等。情境分析方法穷尽推演了具有一定合理性或可能性的各种发展可能，更加深刻理解了本地文化、经济和空间特点及不同规划可能的优缺点，为成果方案奠定了基础。

汕头战略规划突出了四个方面的核心内容。①构建精致空间体系。珍惜天赋的山—水—湾—海—岛本底，协调高密度发展现状、中国式的高密度半城市化地区（desakota）和汕头经济社会特点，创新构建基于生态型城市化连绵区空间结构形态（econurbation）的生态带形都市空间发展格局；结合TOD模式交通引导转型战略和"4321"精致空间设计，打造全市域和汕潮揭区域高度紧凑、高效、生态、弹性而又相对均好的精致空间体系。②打造精益经济体系。依托潮汕经济和文化的精致精细、品质服务，侨乡潮都的乡情义重，以及制造业升级，打造以精致服务、精细制造、精美家园和精粹农业为核心的精益经济体系。③构建交通与基础设施支撑体系。构建"1带2廊3环"高效交通体系、完善的水系和减灾防灾体系，其他重大区域基础设施支撑，以及创新特区体制机制，并以"1441"近期建设为抓手，切实推动规划实施。④明确汕头发展定位与目标。制定两大空间创新、六大发展战略，共同支撑城市发展职能定位与目标："全球潮人之都，国家经济特区，粤东中心城市""精致汕头，滨海国际化山水人文都市"。一个以"根植性发展、精致型开发、包容性增长"为新发展模式的汕头，将成为一座全市域和谐幸福跨越发展的大特区，一个通过科学发展实现转型发展的新时期特区标杆（图9-5）！

汕头规划的理论和实践有以下明显的创新和特色。

第一，全系统情境比较分析方法及其全方位运用。规划创新提出了"全系统情境比较分析方法"：①整个规划以猜想答案（即最好的情境）为贯穿始终的逻辑起点；②规划建立了全系统情境分析矩阵，所有猜想均进入该矩阵进行分析；③通过尽可能地创新猜想、穷尽情境（类似传统的多方案），以及充分比选猜想，寻找最终的理想

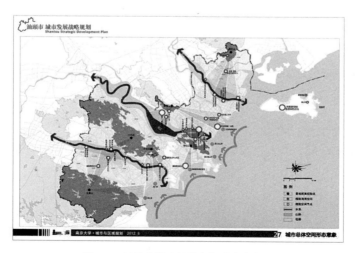

图9-5 汕头市城市总体空间形态意象图
资料来源：南京大学城市与区域规划系，汕头市城市发展战略规划，2012年

方案；④整个规划全部以情境模式展示，从一开始就抓住受众，并始终使规划的逻辑紧凑、清晰、严谨。第二，规划准确捕捉到潮汕地区典型的中国式高密度半城市化地区（desakota）特征，提出了生态型城市化连绵区空间结构形态（econurbation）。"生态带形都市"空间结构的理论内核，是对格迪斯经典的"城市化连绵区"（conurbation）概念加上21世纪的生态化要求（eco-）之后的合成词。概念的核心要素主要包括：空间形态、紧凑发展、区域一体化、战略性网络和战略性节点。第三，设计了交通引导转型模式（TOT），包括交通引导的线性向纵深发展转型（SD-TOT）及基于交通引导的"细胞增殖"模式新发展空间拓展（CP-TOT）。第四，对发展模式由外生发展转向内生与外生结合、有机生长作了有益探索。我国宏观经济社会发展的转型，要求必须更多依靠内生发展，发展的最终目标也是本地发展能力的增强。汕头战略的内外部条件整合分析、重读本地文化逻辑、执着于结合自然的设计，为规划最终找到理想的有机生长之路奠定了基础。

汕头战略规划的整个编制过程，融入了多层次、多角度公众参与，其规划结论为汕头市提供了几乎颠覆原有各种预想但同时又坚实扎根于本地条件的理想愿景。因此，规划在多层次、全方位的公众参与中赢得了广泛好评，包括在海内外潮汕乡亲中获得了良好反响。规划综合成果获汕头市委、市政府的高度肯定，并明确下一步汕头城市总体规划的编制将由南大城市规划设计研究院领衔。

汕头战略规划在国内获得了2012年度江苏省城乡建设系统优秀勘察设计一等奖，在国际上获得了2012年度国际城市与区域规划师学会卓越规划奖（Awards for Excellence）（图9-6）。

图9-6　汕头战略规划项目获国际城市与区域规划师学会卓越规划奖

（2）枣庄战略规划

2017—2018 年，城市战略规划在各地广泛开展。山东省一向重视规划工作，因此，从 2018 年起，大规模开展地级市的战略规划，并要求一个市的战略规划必须有 3 家知名的规划院参与，各自提交成果供专家评审和地方政府选用。南大有由我承担、周扬具体操作的枣庄战略规划（同时还有中规院、清华大学参加）和王红扬承担的日照市战略规划。

新背景下的战略规划怎么做？一个处于全省发展战略边缘的城市的战略规划怎么做？一个经济不甚发达而且布局分散的城市战略规划怎么做？这些问题对于我们都是考验。因此，第一，从分析问题着手，确立发展路径。规划一开始就开宗明义地指出这是一个"现状异常困难的规划对象"。由此，规划也从直面困难开始，分析指出城市存在：山东鲁南中心城市地位下降，腹地缩小，处于全省重点战略格局边缘的"政策区域腹地之困"；资源枯竭，煤炭等重工业偏重，缺乏新增长点的"新旧动能转换之困"；与资源分布和历史发展背景有关的组团型发展的"空间分割碎化之困"；以及"深层机制障碍之困"四大困难（图 9-7）。进而依据优良的生态基底、厚重的文化底蕴（科圣墨子、7000 多年的北辛文化）、中小型机床生产在国内的影响（"中小机床之都"）和鲁班工匠精神，确立了基于内生、精明生长的转型路径。第二，构建符合市情的城镇

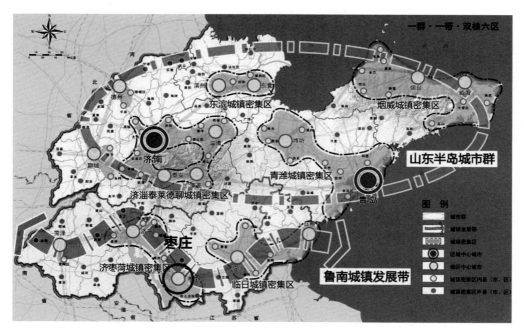

图 9-7　山东省城镇体系规划中的枣庄
资料来源：南京大学城市规划设计研究院，枣庄城乡发展战略规划，2019 年

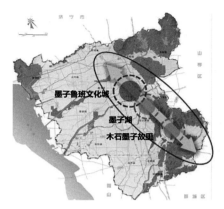

图 9-8 枣庄滕州墨子文化带示意图
资料来源：南京大学城市规划设计研究院，枣庄城乡发展战略规划，2019 年

组合方式。为了更好地探索城镇发展方向和形成合力的组合方式，进行了四种情景分析（东西融合、南北连通、西进拓展、网络提升），最后，采用提升品质的网络发展方案。根据全市六大城镇片区（滕州、薛城、市中、峄县、台儿庄、山亭）的现状地位、历史背景、发展水平、优势条件、功能特点、成长潜力，采用"大珠小珠落玉盘"的形态，确立"紧凑组团式环绿心网络城市"的定位目标。第三，战略和策划相结合。枣庄规划还为城市发展制定了五大战略，即区域竞合、产业提升（以智为核）、都市营建、城市治理、对外开放以及相应的详细策略，务求为实施提供明确的指导。第四，彰显城市的特色。鉴于山东省浓重的圣人文化底蕴，规划还对区域文化竞合进行了较多分析，提出了构建"北承济泰，南引徐州，共建华夏文化传承走廊"的策略。具体包括北承济泰泰山文化与孔孟文化，以"墨子故里"为核心，整合滕州墨子文化资源，共荣中华山水、圣人文化，与泰安、曲阜、邹城共同打造山水圣人文化发展走廊，打造由"一城一湖一里"（墨子鲁班文化城、墨子湖、木石墨子故里）构成的滕州墨子文化带，徐州两汉文化与枣庄春秋文化融合发展，沿徐台快速路打造偪阳、薛国、滕国三大古城历史文化节点，依托京沪交通走廊，形成串联山水圣人文化与春秋两汉文化的华夏文化传承走廊（图 9-8）等。另外还规划了北自泰安、南至徐州的枣庄区域文化的协作格局。枣庄规划以及其中对文化的研究，得到了专家和地方的认可和好评。

9.4 新型城镇化规划

自从"十五"计划中城镇化被确定为国家战略，21 世纪初诺贝尔奖获得者斯蒂格利茨把"中国城镇化"和"美国的高科技"并列为影响世界人类发展进程的两大关键因素以来，城镇化发展一直被视为国家和区域发展的标志，也是促进带动经济社会发展的重要手段和结果。2011年，中国城镇化水平超过50%，中国城镇化进入了"下半场"的新阶段。国家制定颁布的《国家新型城镇化规划（2014—2020年）》明确了新的城镇化方向：从高速发展城镇化到高质量发展城镇化，从经济的城镇化到人的城镇化，从中心城市的城镇化到以城镇群为主体、大中小城镇协调发展的区域城镇化，中国城镇化走上了既适应城镇化一般规律又具有中国特色的城镇化道路。为此，区域城镇化规划这种以往内嵌在城镇规划中的内容，独立作为一种新的规划类型，在各地区和城市出现。南大作为城镇化研究的先驱者，一直重视城镇化问题，因此也积极承担区域城镇化规划的任务，并于2010年和2013年先后承接了"湖北城镇化与城镇发展战略研究"和"山东省新型城镇化规划研究"项目。由于是多家规划单位参与竞选的项目（湖北省项目有中规院、同济、南大、清华参与，山东省项目有北大、中国社科院、南大参与）。南大张京祥、罗震东团队（湖北项目）和罗震东团队（山东项目）都由我作为顾问，参与竞选。南大团队充分发挥了自身的特色。在湖北城镇化项目中：①把城镇化发展置于全省经济社会发展的大背景中，以"湖北之荣""湖北之困""湖北之重"，概括了湖北省的特点、问题和使命；②深入分析了地理格局和城镇格局的历史演变，即襄、荆、鄂（武汉）—襄、宜、荆、鄂—襄、宜、鄂在湖北省的地位变化，指出中部（江汉平原）"坍陷"的严重性（1985年，荆州GDP列全国地级市第4位，2011年降至第150名）和崛起的必要性；③提出差异有序的主动城镇化战略和区域规划、空间规划、产业规划和人口规划四部分战略，城镇化引领全省空间、产业、人口的发展。规划提出通过构建宜（昌）、荆（州）、荆（门）城镇群，整合包括江汉平原城镇在内的长江中游城镇连绵带和包括荆襄在内的四条国土开发轴，使湖北全省形成结构清晰、均衡有度的有机整体。上述观点也曾向时任湖北省省长李鸿忠（现任天津市委书记）作了汇报并送交了部分分析资料。湖北的规划工作得到地方和专家的肯定和好评。在完成全省城镇化规划后，又开展了武汉和宜昌的市、县、镇系列城镇化规划。在山东省的城镇化项目中，针对山东省各地的历史资源丰富但各有特色，城镇密集均衡但规模不大，人口流动以县内、省内为主，外出流动少（县内、省内占80%以上）以及孔学文化的影响等特点，提出山东新型城镇化道路的核心在于塑造多样多元的城镇化载体，改变传统的按城镇规模和行政等级划分载体的做法，把小城镇、农村新型社区甚至开发区等空间单元都纳入城镇化载体体系之内，构建满足各类人群实现城镇化愿望、享受城镇化福利的连续载体谱系。连续的宽谱系以扁平化作为重要特征和支撑，各城镇化单元按照其对城镇化发展的作用和价值进行归并，简化复杂的载体等级体系，构建相对简单、高效的载体体系。为此，将山东新型城镇化载体划分为三级，即城镇化引领层级、城镇化连接层级及城镇化基础层级，并对各载体的规模提出引导性的意见和发展时序，这一成果已经出版。这一大胆的探索得到地方和专家的好评。湖北、山东两省的城镇化规划研究成果也分别获得了湖北、山东、江苏省城市规划优秀成果奖。

9.5　新自下而上城镇化研究

1990年代中期在美国鲁斯基金会的资助下开展以"自下而上"命名的城镇化研究以来，县域层面乡村地区城镇化的进程逐步推进。中央也十分强调就地城镇化、就近城镇化，但在大量农村人口外流的情况下，乡村城镇化过程也相当艰巨。

移动互联网的发展，给乡村特别是青壮年和返乡农民工开展电子商务一个极大的机会，于是以"淘宝村"为载体的新的自下而上城镇化过程开始了，而且异常迅猛。"淘宝村"数量从2009年发现的3个村增加到2019年的4310个村，而且由村及镇，"淘宝镇"数量从2014年发现的19个镇增加到2019年的1118个镇，空间逐步延伸扩大，就业人数剧增。仅活跃的相关网店就有244万个，并带动就业岗位超过683万个。电商已经成为农民就业、返乡农民工创业的重要方式和脱贫致富的重要途径。仅2018年6月—2019年6月，全国淘宝村、镇网点的年销售额合计超过7000亿元。

2015年，南大罗震东教授在对反映城乡空间动态总体的流要素的研究中，受到淘宝"双十一"交易数据的启示，开始了对"淘宝村"的调研，并在嗣后长达5年，覆盖东、中、西部地区8省，涉及30多个县、市、区，过百的淘宝村、镇的调查中，深感乡村的巨变，并敏锐地发现互联网时代一条新的自下而上的城镇化模式，从而为南大城镇化研究揭开了新的一页。为了更好地探讨这种中国特色的城镇化现象，罗震东依据他对"淘宝村"的实地案例调查，进行了新的总结，撰写了《新自下而上城镇化：中国淘宝村的发展与治理》（图9-9）一书，从中国"淘宝村"的区域分布、发展机制、综合分类、空间演化、治理转型和规划应对6个方面，对中国"淘宝村"的发展现状、过程、动因、问题和未来进行了系统、全景式的阐述和探讨。

书中鲜明地指出：第一，"淘宝村"是一场由"边缘人群"在"边缘区位"靠"边缘产品"发起的"边缘革命"，以"淘宝村"为载体的新自下而上的城镇化过程是一个"乡村地位、规模和职能的跃迁过程"；第二，这个跃迁过程是由"乡村草根创业者利用低成本创业环境、本地非农产品基础或农村资源优势，通过信息网络（电商平台）进入区域或全球生产体系"而实现的；第三，这个进程"同时也是流空间进一

图 9-9 《新自下而上城镇化：中国淘宝村的发展与治理》
注：罗震东著，东南大学出版社出版，2020 年

步发育和扩展的过程"。可贵的是，作者把电子商务与"淘宝村"的研究和乡村振兴、扶贫及新型城镇化战略联系起来（2019 年，全国有超过 800 个"淘宝村"分布在各省级贫困县，63 个"淘宝村"位于国家级贫困县，年交易额近 20 亿元），从而大大提升了"淘宝村"的发展意义和研究价值。罗震东教授认为"淘宝村""这一发端于中国信息时代的新形象"改变了 30 多年来中国城乡要素流关系，是中国城镇化进程的一次结构性改变，"为中国城乡规划理论创新提供前沿、坚实的实证基础"。虽然，关于乡村电商的发展和淘宝村、镇的研究还有待深入，但从中国城镇化的研究而言，却是新时代难得的、最具特色的一种模式、一种思路，需要继续探寻、总结。

9.6 城镇体系规划

2005 年，大连市政府委托南大编制新一轮的城镇体系规划。南大由王红扬作为项目负责人，我为总指导，与大连市城市规划设计研究院合作承担此项任务。针对大连市各市、县、区均有一定的经济实力和发展特点，并且在定位、功能、产业等方面相互竞争的状况，规划强调整体思维，打破行政界限，以"有机分工、紧密协作、高效通达"为组织原则，提出了两个新概念。一是全域都市化，全市的市、县、区系统纳入城镇化过程，明确城镇化要求、阶段、路径、方式，形成组团式全域都市化网络；二是构造全域统一的功能体系，依据各市、县、区的特点、基础和潜力，因地制宜，

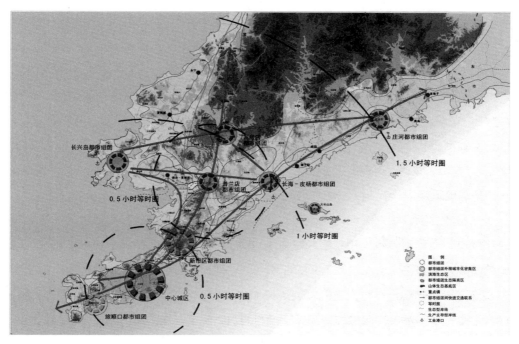

图 9-10　大连市域总体发展战略示意图
资料来源：南京大学城市规划设计研究院，大连城镇体系规划（2005—2020 年），2005 年

统筹协调，构成各具特色、分工互补、共建共享的发展定位和功能体系。这些观点得到了市政府和专家的好评，时任大连市市长还曾在晚上专门约请南大团队进行专门汇报并讨论有关问题一直到晚上 11 点。此项规划经大连市政府批准以后，城市发展基本按照规划的方案开始实施（图 9–10）。

距 2005 年完成第一版大连城镇体系规划 13 年后，南大王红扬接受大连市的委托继续进行新时代城镇体系规划。21 世纪开始后的十余年，国内外形势有很大变化，新的发展理念、新的发展要求，以及城镇体系规划新的理念、方法、内容，也给规划工作者以新的考验。同时也给了南大一个机会，在同一城市开展同一类规划为南大提供了更好地进行检验、反思、启示和提升规划水平的机会。一是对于发展形势的判断。对于多变的世界与发展中的中国，这确实是一个难题。不同的发展形势，有不同的发展理念和方针，影响经济和人口发展速度、总量，影响城市发展的重点和布局，也改变规划师的理念和思路。例如，2005 年规划时是在增长主义思潮下，采用的是延续性、扩张性的发展模式，提法都是"大大连""更高、更快、更大""大工业、大项目、大空间"，产值增加，项目增长，空间增加（填海），人口增长。而规划的关键是增长下如何分配资源、如何合理布局、如何有机分工。因此，我们提出"全域都市化"的概念（当时在国内还提得很少），强调大连全市域构建统一、分工、协调的功能体系，各地依据条件、特点、潜力，承担一定功能，避免各自为政，大而全地开发建设。此观点得到市领导和专家们的肯定和好评。但是，规划实施的现实则演变为"全域开发区/新区化"，带来了更大的资源环境矛盾和空间低效化。因此应该：①明确规划如何分析判断发展形势，如何理解和学习国际上早已提出的新思想、新理念，这是规划的根本和方向；②确定底线思维，不确定未来会发展什么，但可以把握未来不能发展什么，同时明确几条基本控制线（生态、农田、城镇、历史文化），在产业上提出负面清单；③增加规划的应变性和弹性，进行多情景研究（城市地位、规模、空间方向、产业方向、基础设施、周边关系）。

二是建立指导规划的理论观点和方法论。在 2005 年规划时，虽然也提过各种理念和观点，但远不够系统和完整。在 2018 年的规划中，王红扬基于其多年对规划理论的研究，提出整体论、整体主义的理论观点，把大连市域作为一个整体，以整体而不是局部组合的观点，对大连的发展目标和空间组织、城镇居民点系统、产业系统、城乡关系、空间发展和保护等，都以整体论的思维作了全面的思考和安排。规划构筑了总目标——"中国北方人居典型城市、国际创新都会"和五个具体的空间分目标——构建"有机精明都市"市域城乡总体空间布局、"优越复合生态"市域城乡生态绿地体系、"精致宜人空间"市域高品质中心区和城区体系、"精益创新经济"高效创新产业空间体系、"人性精确配置"市域公共服务与设施体系。以各类功能空间体系构成一个整体的大连市域完整的、有机的空间结构。

三是提出新时代大连发展的三种最优整体性方案（双中心、一主二副—七组团、八组团）；构建市域中心体系、都市区、核心都市区—功能片区—乡镇—村庄等分层次的城乡总体结构和滨海—半岛—都市区的市域景观体系，形成完整的空间组织体系。

应当说，2018 年的大连城镇体系规划，从上版规划的检讨中有了较大的改进和提升，尤其在理论观点和空间方案上有所创新。但我国的城镇体系与规划正面临在规划体系和事权划分上的重大挑战，其规划的独立地位、规划的结构和内容、规划的重点，乃至理论方法都存在相当争议。我认为，这也正是我国城市地理工作者和规划师需要面对和突破的重要方面。

9.7 市、县域规划

针对规划热潮中种种规划乱象，重复、交叉、矛盾导致的资源浪费、环境损害、效益低下、产业同构、恶性竞争，以及重城轻乡、城乡脱节等问题，2004 年，国家

图 9-11　嘉兴市域现有规划汇总图
资料来源：南京大学城市规划设计研究院，嘉兴市域总体规划（2005—2020），2005 年

发展和改革委员会正式启动了"三规"（国民经济和社会发展规划、城市规划、土地利用规划）合一规划体制改革试点，但"三规"（后发展为"多规"）合一怎么做，在什么空间层次做，主要"合什么""如何合"？对于这样一个新命题、新规划，各地都从理念、理论、内容、方法上进行了广泛的研究，"敢为人先"的浙江省更是立潮头之前。2004 年，浙江省即以"县、市域规划"的形式开展了这项工作，并以嘉兴市为试点，委托南大进行编制（图 9-11）。我作为顾问，朱喜钢具体执行。

嘉兴市位于浙江省东北部、杭州湾北岸，面积 3915 平方公里，下辖 7 个县、市、区，是杭嘉湖平原的组成部分，在多山丘的浙江省是重要的农业基地和鱼米之乡、经济发达地区。南大曾承担过嘉兴多类大小规划，有一定工作基础，2003 年刚完成浙江省建设厅委托的城市总体规划。2004 年，嘉兴市政府、浙江省发展和改革委员会又根据时任省委书记习近平的指示，委托编制《嘉兴市域总体规划（2005—2020）》。嘉兴市域总体规划从 2004 年起历经两轮修编，从最初的"两规"（城市总体规划和土地利用规划）衔接、"三规合一"（城市总体规划、土地利用规划、国民经济和社会发展规划）到"多规合一"（与其他部门专项规划等），经历了从技术层面到实施管理层面，包括规划底图衔接、指标占补平衡的技术方法、全域空间资源统筹体制机制的设计等的探索过程，并且实现了从城乡分离到城乡一体的"规划一张图"。嘉兴市域总体规划编制后，按要求就不再单独编制城市总体规划，而是包含在市域规划的中心城区规划之中。

嘉兴市域规划作了以下一些新的探索。①规划明确了在充分尊重市域城镇体系规划，嘉兴市城市总体规划，各县、市城市总体规划，土地利用规划的基础上，以嘉兴市域的统筹发展为目标，对原有规划进行整合协调，构建区域性总体规划的新范式，以实现市域一体化发展为宗旨，统筹嘉兴市域各种发展要素，建设网络型特大组合城市。②规划突出了当时盛行的"反规划"（负规划）原则，即在明确非建设用地、满足区域生态环境战略储备的前提下，统筹市域建设用地布局。③规划除了常规的市域功能定位和总体发展战略内容以外，明确确定市域空间发展架构，加强市域空间管制的重点，从空间角度进行了四方面的规划：市域土地利用与控制规划（划分建设用地与非建设用地两大土地类型，并分别提出土地利用引导意见），以市区为核心的市域空间利用结构规划（"一主、五副、两新城、三轴两环"的网络型特大组合城市空间结构城乡网络结构、城市功能分工，图9-12）和市域空间利用分区规划（都市空间发展引导、乡村空间发展引导和嘉兴市中心等空间分区规划）、市域空间管制与协调

图9-12 嘉兴市域空间结构形态规划图
资料来源：南京大学城市规划设计研究院，嘉兴市域总体规划（2005—2020），2005年

规划等。在空间管制分区中，已明确划分为城镇建设区、乡村发展区和生态保护区三种，并在区域城镇建设区中，进一步划分出优化提升区、鼓励开发区、乡村发展区和限制发展区四类；乡村发展区划分为乡村建设区和农业保护区。这些空间引导和管控的概念与嗣后的主体功能区和空间用途管制均有相通、相近之处。

同一时期（2006年），嘉兴市海盐县又委托南大编制《海盐县域总体规划与土地利用总体规划衔接报告》《海盐县域总体规划》《沈荡镇总体规划》等一系列的衔接规划，进一步检验与反馈了嘉兴市域总体规划的可行性与实验性，同时也为下位规划提供了全省的样板。这样，沈荡镇规划的纳入使南大完成了同一行政区内，由同一编制单位编制从地级市到县、镇、乡分层的空间规划的可贵实践，这无疑对于规划编制的质量提升和理论探讨都是有价值的。

2005年嘉兴市域总体规划完成后，浙江几乎所有市、县均编制了市、县域总体规划（张京祥承担了宁波市域总体规划编制任务），建设部也认可了浙江省市、县域规划的这种做法。从今天看来，市、县域总体规划就相当于市、县域国土空间规划。因而，它的编制也为我国国土空间规划体系构建提供了前期的实践。

9.8 城镇群规划

在这一时期全国推行区域规划的浪潮中，作为"城镇化主体形态"的城镇群规划受到重视。南大也承担了城镇群规划的任务，由我任顾问的两个城镇群规划也是具有一定特点的。

9.8.1 关中城市群建设规划

城市群规划具有很强的战略性，对于区域性的大城镇群尤其如此。因此，战略研究、理念的确定以及层次构建十分重要。

以西安为核心、拥有15.5万平方公里面积和2200万人口的关中地区城市群是我国西北地区最重要的城市群和经济、文化、科技的精华所在。2005年，王红扬教授接受了《关中城市群建设规划》编制的任务。西安和关中地区已经有过多轮的规划，如何理解和编制城市群建设规划，如何凸显关中特点，如何在规划中有所创新，是摆在规划团队面前的现实考验。经过深入调研，明确文化城市（西安）和高科技是关中地区的主要比较优势，并由此开展具体的规划。首先，从发展战略目标定位上，提出三个"强化"和四个"争创"。三个"强化"即强化西安在西部地区的中心大都市地位，强化关中城市群在西部地区的领先发展水平，强化关中地区在西部的经济核心区地位；四个"争创"，即西安争创"中国文化之都"，关中争创"世界华夏文化第一区"和"中国创新发展示范区"，带动关中振兴的西安都市区争创"中国经济增长第四极"。其次，以"整体""协调"为基本理念，编制分层次（包括6个城镇化一体区以及增长极小城市、县城）的发展建设规划。再次，提出与重大建设项目相结合，和生态、文化、环保、管控要求相协调的支撑体系（基础设施、社会服务设施）建设规划。最后，提出建设西咸一体的西安都市区的重要性、必要性及规划方案，以及进而扩大为将西安大都市圈（包括相邻的陕西、山西、河南、甘肃部分城市）纳入全国层次的大都市圈体系的前景。规划思路和规划成果均得到好评。

9.8.2　环长株潭城镇群城镇体系规划

湖南的长株潭地区是我比较熟悉和有一定感情的地区。1955年的调查实习、1956年的大学毕业论文、1980年代的学术文章以及多次在这个地区的规划研究项目、成果评审等，都使我对这个地区的发展充满关注和期望。

2006年11月，湖南省九次党代会首次提出要积极推进以长株潭为中心、以一个半小时通勤为半径的包括岳阳、常德、益阳、娄底和衡阳在内的"3+5"城市群建设（图9-13）。2007年12月，国家发展和改革委员会正式批准长株潭城市群为国家"两型社会"（资源节约型、环境友好型）建设综合配套试验区。至此，长株潭地区上升为国家区域战略，这对于湖南省的发展和中部崛起都有重要意义。长株潭地区已有多种规划，包括城市群区域规划、经济区规划、城镇体系规划，对于这样一个面积近10万平方公里、4000万人口（2007年）、GDP占全省75%以上的宏大地区如何做出一个科学、实用而又有创新的规划成为规划团队面临的一个重大难题。2009年，由湖南省建设厅牵头，南大城市规划设计研究院与湖南省城市规划研究设计院合作共同承担"3+5"城市群城镇体系规划。为了提高规划的理论水平，拓宽规划的国际视野与经验借鉴，并借此作为"3+5"规划的一次国际推广和营销过程，南大项目组（王红扬、朱喜钢负责，我作为顾问）组织了庞大的研究队伍，邀请了有重要借鉴意义的法国大巴黎地区、荷兰兰斯塔德地区、英格兰西北城市群区域的相关著名规划学府（法国巴黎第十二大、荷兰乌得勒支大学、英国利物浦大学和曼彻斯特大学）的教授们组成了"3+5"城市群城镇体系规划国际专家组，为本规划编制提供理论和战略指导。

规划于2009年启动，项目组和国际专家组进行了4次集中现场踏勘和调研、4次阶段成果和专题研究，以及初步结果、最终成果的高层次专家、省市及部门领导

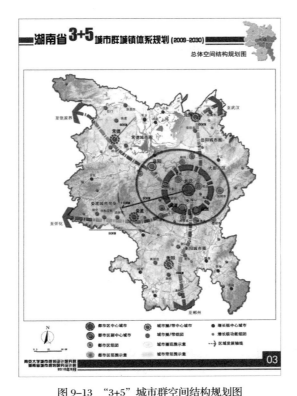

图 9-13 "3+5"城市群空间结构规划图
资料来源：南京大学城市规划设计研究院，湖南省3+5城市群城镇体系规划（2009—2030），2010 年

论证、审查，于 2010 年 12 月提交最终成果，历时将近 2 年。可以说，这是对"3+5"城市群（后更名为环长株潭地区）最为详尽的调研和规划成果，包括战略规划、空间规划、设施规划、管制规划（可持续发展的生态基础）和体制机制规划。成果包括现场调研报告，研究报告、文本、说明书、图集一系列成果，仅分析图件就有 87 幅，分析表 40 份，规划表 37 份。

　　这项规划的特点包括以下几点。①对城市群发展理论（城市群类型、城市群发育阶段）和中部城市群发展问题有清晰的、针对性的分析比较。②对发展目标，如按新型工业化城市群、新型城镇化城市群、生态化城市群、创新文化城市群，进行了较为系统的研究，包括总体空间发展模式（国内各种尺度对比）、空间结构规划的多方案（3 个）比较、空间结构的弹性等提出一个拓展思路的选择方案。③对城乡统筹发展模式和农村城镇化进行了多方案比选。④在建设绿色基础设施的思路下，对环长株潭地区空间进行了详细分析，结合主体功能区规划划分了禁止建设区、弹性控制建设区、重点与优先建设区三类区域；对空间管制进行细致、系统的分析，划分为五级区域生态敏感性和六级建设用地适宜性分区，研究了生态增值空间及其开发指引等，为环长株潭地区的空间利用和保护提供了可靠基础。⑤对长株潭（益阳）大都市区、娄底城市带（轴）、常德城市圈、岳阳城市圈和衡阳城市圈五个密集城镇化次区域进行了从空间发展战略、产业协调分工、交通市政、公共服务布局、绿色基础设施和近期建设重大项目的规划指引，完成了从全域到次区域的全覆盖。

这是一次大范围、多层次、远近兼顾、发展与控制结合、方案与项目衔接、路径与政策协调的区域规划，对南大也是一个考验。环长株潭城市群规划产生了很大的影响，得到了湖南省政府和专家们的肯定。

9.9 都市圈规划

我国的都市圈作为城市的一种空间组织形态，其规划自1990年代南京都市圈规划起，已普遍开展，并涌现了不少好的规划成果。2019年，国家发展和改革委员会发布《国家发展改革委关于培育发展现代化都市圈的指导意见》，将都市圈与之前所力推的城市群（城镇化的主体形态）联系在一起，形成了中心城市—都市圈—城市群这一层次迭进的经济社会发展的城市形态系列，都市圈作为中心城市与城镇群的中间层次，其意义就更为突出。

从1990年代起，南大就承担了多项都市圈规划和研究任务。2019年，南大朱喜钢教授接受河南省洛阳市委托编制《洛阳都市圈发展规划（2020—2035）》，这是对新时期都市圈规划的探索（图9-14）。洛阳规划编制恰逢三大重要机遇：一是《求是》杂志上习近平总书记发表的《推动形成优势互补高质量发展的区域经济格局》重要文章，突出了中心城市和城市群在国家发展中的重要作用和优势资源（人口和产业）予以集中的精神；二是国家发展和改革委员会发布的《国家发展改革委关于培育发展现代化都市圈的指导意见》将都市圈提高到与中心城市、城市群同等重要地位；三是黄河流域生态保护和高质量发展成为国家战略，从而为洛阳都市圈提供了重要的方向和政策支持。

洛阳都市圈规划的重要创新之点在于：①改变采用传统的路径依赖和线性思维进行调研、分析、目标、行动的做法，运用整体主义哲学和方法论，基于宏观和区域环境、上位改革、当前思潮和技术趋势，在内外部条件研析和发展规律指导下，寻找洛阳发展的最优整体性和对应的局部干预，提出发展目标、路径、规划和治理方案；②拓展视野，在全面分析历史、现状、优势和形势的基础上，提出了洛阳从"河洛时代"走向"黄河时代"，从"城市洛阳"走向"区域洛阳"的发展方向和前景，为洛阳打开

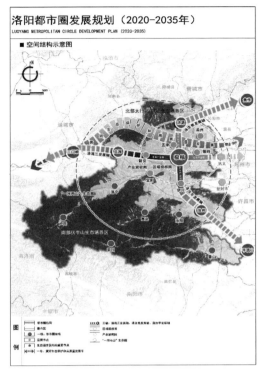

图 9-14 洛阳都市圈空间结构示意图
资料来源：南京大学城市规划设计研究院，洛阳都市圈发展规划（2020—2035 年），2020 年

了通向未来、通向区域、通向世界的大门；③结合中部崛起和河南省发展需要，提出河南发展郑州—洛阳"双子星"的发展模式和"郑洛西（安）"联动发展的观点。洛阳都市圈规划受到洛阳市的极大重视和河南省领导的关注，取得相当成效。

9.10　新国土空间规划 3.0

自 1980 年代第一版国土规划在全国全面展开到停止，以及 21 世纪初在深圳、天津与广东、辽宁等地第二版试点开展以来，2018—2019 年重新开展的国土空间规划可以被视为是国土规划的第三版。第一版国土规划是从欧洲、日本等发达国家和地区学习和结合中国经济发展需求而开展的，以自然资源开发、生产力布局为主，空间拓展增量型为中心的开发性规划，重在对资源禀赋、开发条件的分析评价基础上的项目布局和城镇布局。例如，宜昌地域国土规划即以水电、矿产（磷矿等）、旅游三大资源开发和"两宜"（宜昌、宜都）为中心的城镇布局作为规划的重点。第二版试点，如深圳国土规划，虽也已明确指出了环境资源的矛盾，提出可持续发展的观点和建立生态城市、实现人地和谐、加强空间管治等要求，但其中心思想仍在于开发利用，只是解决如何优化利用问题，对城市只重在如何协调，涉及生态保护的内容不多。而从2017年的新编国土规划起至2019年国土空间规划体系中要求的国土空间规划却明确"保护优先"的理念，涵盖了开发、利用、保护、修复各方面，强调以空间治理和空间结构优化为主要内容，强调"约束性规划"，以底线思维、用途管制为中心，通过约束性指标和管控边界（三区三线）进行空间管制，强调全地域、全要素、规划全覆盖，以及把规划的核心从"编制"转向"审批"等全新的观念、思路、内容、重点和实施等在内的全过程。第三版国土空间规划顺应了世界潮流、中国发展现实，遵循了国土空间规划的基本原则和要求，在解决国土发展保护现实和指导未来上将发挥重要作用。

南大于2018—2019年参加了河南省国土空间规划和鹤壁市国土空间规划的试点工作，目前也承担了若干城市的国土空间规划任务。我个人没有参加这些规划项目，但参加了国家、省级、市级一些国土空间规划的咨询、评审工作，对当前国土空间规划编制也有一些想法。

应当说，融各空间规划于一身的国土空间规划，是一种新型的、值得探索的，又迫在眉睫的规划。从缘起于江苏省土地适宜性区划思路，以空间的开发与保护两主体、四类（禁止与限制、重点与优化开发）功能划分的区划，到各类功能具化为城镇、农业、生态空间的系统阐发的主体功能区规划，再到"五级三类"全地域、全要素、全覆盖的国土空间规划体系成为中国第一次对全国国土空间的全新诠释，具有理论探索和现实应用的价值。这种大尺度的战略性和控制性的空间规划是各类空间规划的基础，但其具化的三类空间的内容也与发展规划及其他相关空间规划存在衔接、交叉的矛盾，在新的统一规划和空间规划体系需要进一步明确其地位角色。以城镇空间为对象的城镇规划，因城镇空间是经济社会和人类活动的主要场所，在空间体系中占有重要地位。而当城市由点扩大到面，成为城市区域、构成城市系统时，城市空间不再是孤立的人居空间，而是兼具人居和自然空间的整体空间。因而，在生态优先、绿色发展、城乡一体的理念和结构优化、品质提升、和谐共生的需求下需要新的创新。土地利用规划的重点，也从建设用地指标的分配和农用地控制，扩大至结合三线划分及土地保量、提质、治理，为提高土地承载力和优化土地利用承担责任。全新的国土空间规划应当是一个多规合一、系统清晰、责任明确、相互协调的空间有机体的规划。

这次国土规划的一个重要特点或重点是突出了资源环境承载力和国土空间适宜性的双评价工作。自然资源、生态环境、土地适宜性在以往的城市与区域的规划中也早有研究和应用。但是，第一，对其重视不够，只是作为一般条件，没有强调其限制性；

第二，分析的深度、广度不足，而且方法传统。这一轮国土空间规划将双评价作为规划的基础和前提，在评价的深度、广度、系统性以及利用信息技术的分析方法上均有新的突破，从而也使双评价成为规划的一项重要组成部分。对于这种深入评析"自然资源"的认识空间的做法，我是很支持的。只有正确地认识空间才有可能科学地组织空间、利用空间。然而，应该充分理解的是：今日的评价是为未来的空间利用保护服务的，因而不能以目前的科学技术水平下水、土、气、矿等资源的利用水平、消耗水平，不能以人们现在对资源环境的需要、喜好，也不能以本地资源的量和质的多少来评价未来发展承载力的行与否、宜与不宜。以水资源为例，随着科技发展，工农业用水指标会下降，回用水、海水资源利用均可增加水量，而在国家战略下，区域调水也是一种方案（例如南水北调）。美国内华达州为了发展地方经济，在干旱的沙漠之中建设起了拉斯维加斯城市。以色列通过节水技术满足了炎热干季城市和农业用水需要。贵州常年低温的气候条件和众多的石灰岩溶洞长期以来阻碍了经济发展，而今天却成了需要低温的大数据产业和人们健身、探险等旅游业的宝贵资源。因此，对评价需要具有动态思维、辩证思维，需要区分近期与未来，需要从发展必要性、经济合理性、技术可能性、生态持续性综合考虑提出未来发展需求的双评价意见。

国土空间规划如何体现以人为本？新时代，规划最大的变革与转型是从重经济不重社会、重生产不重生活、重物不重人、重城不重乡的观念转向到以人为本、以满足人民对美好生活的需求和以社会公平、城乡一体为根本的理念上来。现在，在城市规划空间安排中，从市民需求出发，强调公共服务设施均等化和布局均衡化，增加公共活动空间，重视15分钟生活圈、职住平衡等。然而，在国土空间规划这样大尺度的区域空间中如何体现以人为本？我认为，第一，在国家和省一级的国土空间适宜性评价中，应当划分"不宜人居"的空间，如中规院在全国城镇体系规划中，曾进行了全国人居条件适宜性分析，并按适宜度划分为适宜地区、较不适宜地区、不适宜地区三类地区，并据此调整、迁移已有的城、镇、村的人口；第二，在划分的禁止开发区（包括自然保护区、生态脆弱区）内，应当进一步区分允许人口活动区和禁止人口活动区，以适应旅游、探险、体育及国际边境安全的需要，同时制定相应的活动规则和禁令。

9.11　发展规划的探索

对于国民经济规划（现国民经济和社会发展规划），南大经济地理专业是作为一项重要的教学内容而安排的。我在大学学习期间就有"国民经济计划"和"统计学"两门课程，由孙本文教授讲授（著名的社会学教授、费孝通的前辈、社会学教材的著者，新中国成立后因社会学撤销而被安排在地理学系，后去到新成立的经济系）。1965年，还从中国人民大学国民经济系要来本科毕业生沈士成来系任教（"文化大革命"后去深圳，后曾任深圳市计划经济局局长）。该专业毕业生也有分配到国家部委和地方部委、统计局工作的。

孙教授教国民经济计划课程，按苏联模式和国家计委要求，着重讲解国民经济平衡表的编制，重点研究土地、水、原材料（矿产、建材、钢材）、能源（燃料、电力）、劳力（包括施工队伍）、资金（投资、效益）等的平衡，统称"十大平衡"，以及表格的编制方法。由于其不是主课，内容也比较枯燥，又没有机会实践，因此，我只知其大概，没有深入学习。

1962年，国家正处于困难时期后的调整时期，江苏省计划委员会要我参加编制省的国民经济调整计划，算是让我接触到了国民经济计划。实际当时计划的重点是按国家的要求和下达的经济发展指标按省内各市原承担的比例，尽快落实下去，没有进行深入的调研分析。因此，这次重新编制此类规划也有探索的目的。一是对规划本身，依据2018年国务院颁发的《中共中央 国务院关于统一规划体系更好发挥国家发展规划战略导向作用的意见》，"十四五"规划是发展规划在国家统一规划体系中居统领地位后的第一次五年规划，如何发挥其（对国土规划、专项规划、区域规划）统领作用是一个新的议题。二是对于长期从事城市与区域规划类空间规划的我们，在发展规划和国土空间规划的新要求下如何适应，或者说是如何拓宽原来的实践领域。因此，我们很高兴承担了南京"十四五"规划的编制任务，由我领衔，张京祥、耿磊具体负责开展这项工作。

发展规划的统领作用在于科学引领、战略引领。因此，规划的前瞻性、全面性、整体性是规划的基本视角和特点。南京规划对未来国际发展形势作了基本判断，对发展阶段作了新的界定，对未来不确定性作了概念性的预估，进行全球城市发展愿景与南京的对标研究。这些战略性研究都较以往的计划、规划更广泛而深入。例如在城市发展定位上更契合国家对发展转型的要求，如将原来的"创新名城、美丽古都"定位升华为"高质量发展的创新名城、高品质生活的美丽古都"。

规划突出、提升、发展全球影响力、创新驱动力、现代化产业体系、国际城市和国家中心城市、科创中心等，把南京融入世界、国家和区域的全局。

发展规划与以往规划的最大不同是大大加强了对空间这一经济社会活动的载体和生态基底的关注和表述，无论是国家和各省、市规划中，都增加了空间发展格局（包括空间保护格局）的内容。南京规划中更重视对空间的分析和研究：指出了南京发展中存在的江南江北、城区郊区、新城新区、城区和农村存在的空间不平衡现象；指出要更高站位、更高视野、更大格局谋划城乡区域融合发展，实现空间布局更优化、资源配置更均衡、区域发展更协调的要求。并对融入长三角、深化南京都市圈建设、突出产业结构、宁淮一体化发展的区域空间协调发展作出了规划安排,对南京市域的城乡均衡发展进行了具体的研究。张京祥从增强城市整体发展能级和聚焦市域主体格局的角度,提出了市域"中显、南展、东整、北优、西启"的观点,即提升中心城区高端服务功能,拓展南部地区城市功能,提高东部地区要素整合水平,优化城市北部发展品质和西向拓展实体产业空间,得到南京市主要领导的认同。通过东西南北中的协调并进,呼应和推进城乡规划中提出的"南北田园、中部都市、拥江发展、城乡融合的总体布局",构建市域空间"一核三极"(江南主城主核,江北新区主城拓展发展极、紫东地区创新引领极、南部片区"新兴增长极")的功能格局。

新的发展规划还贯彻"以人为本""以人民为中心"的思想,在规划中大大增加了城市发展品质的分量,包括对城市生活品质、文化品质、环境品质的分析内容,例如通过长江大保护,改变重工业围江的格局,调整沿江企业,推行绿色低碳生产生活方式等,以提升环境品质的措施,还南京以山水城林的优良自然、人文生态面貌。

国民经济和社会发展规划具有固有的编制逻辑,并且与时俱进,与国家的发展要求相适应。新的发展规划,在区域协调和城镇化发展方面,浓墨重彩,加重了对空间的关注和表达,使长于宏观思维、综合观点、区域研究、地理分析和空间建构的城市与区域规划人有参与机会,增强了发展规划统领作用的战略性、全局性、科学性(图9–15)。

图9–15 2021年南京都市圈城市"十四五"规划编制经验交流会

9.12 城市防灾减灾规划

继 2008 年汶川地震，以及雅安芦山地震、青海玉树地震以后，城市防灾减灾和城市安全作为城市发展的新课题受到政界、学界的重视。在以往的城市规划中，有防震、防洪的内容（涉及建设的防震标准、防洪标准、避难场所、通道等），但内容零散、简单，就事论事，分量不重，没有从以人为本、整体城市安全的角度和防灾减灾的系统性进行独立的规划。一连串灾害事件，联系到城市选址、城市布局、城市结构、各项设施布置，以及如何预防和应变等，都给规划工作提出了新的迫切的要求。国内的主要规划机构（中规院、同济、上海院，包括南大）都积极投入灾后重建的规划。同时，人们也认识到需要为城市和区域单独编制防灾减灾规划，并延伸到编制城市安全规划的要求。

2008 年翟国方教授（南大规划专业毕业生，毕业后在南京市政府研究室工作，后去日本攻读博士，在日本名古屋的联合国区域研究中心工作）回南大工作、任教。由于他在日本时曾从事防灾减灾方面的研究，而日本这方面的经验也是很有名的。因此，他很自然地承担起这方面的任务，并充分运用日本与国际经验，结合中国实际开展了一系列防灾减灾和城市安全规划以及相关的研究工作。自 2008 年 9 月回国，翟教授 10 月即去汶川考察调研（我也曾与日本专家组一起赴汶川考察），十年间承担了大量的规划与研究工作。这些工作大致分为三类：第一类是抗震防灾（常熟、张家港等）与综合防灾（厦门、汕头、海南文昌新区、江苏省等），还参与了国务院专家组"澳门防灾减灾十年规划"项目；第二类是城市安全（深圳、银川、福州、淮北等）；第三类是韧性城市规划研究（银川、合肥、南京、厦门等）。三类工作相互联系，综合起来构成了城市防灾和城市安全规划较为系统的规划体系。

防灾减灾规划内容的系统化是新规划的特点。以常熟市抗震防灾规划为例，除一般的历史、现状、问题和指导思想、原则、依据、期限等常规内容外，提出了城市抗震防灾标准、模式和目标，城市抗震防灾空间布局，城市灾害损失评价的方法、类型，城市建设用地防灾分类和建设要求，以及城区建筑城市基础设施抗震防灾规划，城市次生灾害防御、避震疏散规划，应急保障体系规划和应急管理规划，灾后安置和恢复重建规划，近期建设规划，规划实施保障，建设资金估算等。防灾减灾规划中有一项重要的内容是城市灾害（各种灾害类型，包括台风、洪涝、地震、海啸、地质灾害、海岸侵蚀、火灾等）的风险评估，这是规划的重要基础。

城市安全规划是防灾减灾规划的延伸和补充，而且也是当前建立健康城市、安全城市和体现以人为本、生命至上观念的重要规划。在 2012 年深圳福田区城市风险评估与白皮书任务中，南大对城市公共安全和城市风险作了全面的分析研究和评估。包括对自然灾害风险，各种火灾、交通、生产、燃气设施运行等突发事件安全事故风险，文体商贸活动及人员密集场所安全事故，环境污染和生态破坏事故，公共设施安全事故，公共卫生事故风险，社会安全风险的评估，并进行综合风险评估和比较。而 2017 年进行的深圳城市安全发展战略规划框架研究，又进一步提升了城市安全规划的研究。研究讨论了城市安全发展战略规划和其他规划的关系，提出了城市安全发展战略指导思想、战略定位、目标、战略规划内容。包括城市安全风险评估（风险评估理论、类型，风险形成机制、评估方法）、城市安全发展重要任务及重点工程、规划实施保障，并具体研究城市自然灾害、城市安全生产、城市事故灾难风险评估和评估结果。规划还对城市安全发展愿景和目标，城市安全发展重点任务、重点工程，城市安全发展规划实施保障（包括体制、机制和资金保障）作了深入分析和布置。应当说，从其作为一种新型规划的角度来说，还是颇有启示的。

结合城市防灾减灾规划，南大也开展了韧性城市的研究。国内对于"韧性"的概念是随着防减灾问题而引起大家重视，而"韧性城市"也迅速为学界和政界所接受并成为一个热门的城市类型。翟国方团队也进行了一些城市的韧性研究，合肥市的市政设施韧性提升规划研究项目是我国首个韧性城市理念在规划实践中的应用案例。

9.13　新城规划

2017 年武汉长江新城管委会张文彤主任来电邀请我参加武汉长江新城总体规划前期研讨会，我感谢他的信任，同意参加。一来，是张主任提到这个新城以未来城市为目标，而我对探讨"未来"很有兴趣；二来，我国新城建设已经搞了二十多年了，现在这个新城又将有什么新的说法吗？到了武汉，我进一步了解到建设长江新城的想法是时任武汉市委书记陈一新根据武汉应当承担国家更大使命、建设国家中心城市的目标，以及跳出武汉长期以来一城三镇格局，在武汉建设第四镇（沿江阳逻附近），由三镇走向沿江发展的城市形态结构的设想，并按习近平总书记提出的"世界眼光、国际标准、中国特色、高点定位"的城市定位原则，对长江新城规划提出打造代表"城市发展最高成就的展示区、全球未来城市样板区"的目标要求（图 9–16）。同时，根据武汉市人大通过的"城市亮点区块"要加强建设的意见，使长江新城的规划面临很大挑战。会议专家组由时任华中科技大学校长丁烈云院士等在武汉的三位院士、中规

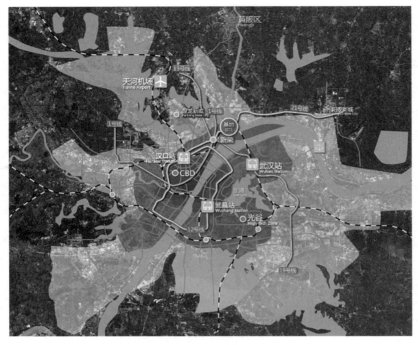

图 9-16　长江新城区位图
资料来源：武汉市规划设计研究院，武汉长江新城概念性规划，2017 年

院原院长李晓江、我和时任湖北省住房和城乡建设厅总规划师童纯跃组成。长江新城起步区 30—50 平方公里，中期发展区 100 平方公里，远期控制区 500 平方公里。长江新城规划从前期研究、规划方案征集、评标到规划方案编制、评审，前后开了很多次会议，足以证明武汉市的重视程度。

　　对于长江新城规划，我认为首先是明确新城建设的必要性和价值。武汉有不少新城，再建一个新城，很重要的目的是为了平衡区域经济发展、提升武汉在国家城市格局中的地位，也就是说把新城作为中部地区发展的重要撬动者。我国中部有郑州、长沙、南昌等中心城市，但无论从历史地位、地理区位、自然人文的禀赋条件、区域影响力来说都以武汉为佳，现有的郑东新区、湘江新区、赣江新区都不足以成为撬动中部地区发展的杠杆。其次，作为世纪之交和互联网时代建设的新城，确实需要有一个前瞻性的定位，冠之以"未来城市"的要求，无可厚非。但面对"未来"众多的不确定性要求如何把握，新城与未来时代相符的本质特征是什么？这都是规划的难题。我认为，新城规划的要点是如何理解和认识"未来"。或者说，什么样的城市是"未来"城市？未来十多年、二十年的世界将会发生什么变化难以预计，其产业、社会、设施等都取决于科技发展的程度，取决于人类文明素养的提高和需求的变化。但未来发展的趋势是可以讨论的，例如智能化、人文化、生态化。

在互联网时代，智能、智慧等名词到处出现，智慧生产、智慧服务、智慧运行的智慧城市将是未来城市的代表，智能化是未来城市的基本趋势。普华永道会计师事务所于2017年7月发布了《未来来了》报告，提出了未来城市指数排行的9个标志：智能住宅和公共设施、文化旅游数字化、无人驾驶技术、数字经济、智能医疗、开放或适应性学习、城市安全、虚拟服务、虚拟城市，可以反映出智能社会的面貌。智能化和科技发展、产业更新有关，长江新城必然是以高新技术产业、创新为主的新城。

人文化是我们的城市发展中曾经被忽视的。这不仅因为我们没有建立起"人是城市的主人""城市发展的一切都是为了人"的基本理念，重生产轻生活、重物轻人已成为城市发展中的痼疾。今天，"人"已经被提升到了至高无上的位置，"以人民为中心"成为我们的目标和初心。在城市发展中，人文化的表现可以包括以下几方面：一是从提高城市品质着手，提高人居环境质量，因此，要提升公共服务设施与水平，打造舒适、宜人、健康、便利、安全的城市；二是以文化为魂，融文化于生产、生活、生态之中，构建一个文明风尚，武汉未来最满足人的需求、最体现人的价值、最为市民满意的新城区。正如张京祥教授在2019年中国城市百人论坛年会上的《从未来城市到理想城市》报告中所说的，"未来科技发展难以预知，唯有回到人的本真需求、心灵追求，才能认识理想城市的真谛，把握未来发展的方向"。因此，长江新城规划的重点是研究未来人口结构、人的需求和追求。武汉是教育水平很高、科技人才聚集的城市，长江新城应该，也有条件成为未来科技和知识阶层发挥才能和愉快生活的理想场所。

生态化，不仅是新城，也是全国各区域、各行业发展的基本理念和依循。对于新城而言，其更应该是首要的原则。山水相依、人地和谐、产城相融、一体发展是新城发展建设的方向和路径。长江新城具有山（北）、湖（中）、江（南）的优良环境和自然结构，完全可以构建起一幅生态化的新样板。其中值得关注的是开发强度、开发密度、开发时序、开发清单要以"生态"为标准。可以想象，智能化、人文化、生态化的长江新城可以成为"未来城市"的示范。

长江新城规划还有一个重要问题，也是新城发展的老问题，就是和武汉其他城区、其他新城的关系。其关键在于：长江新城在武汉的地位是未来现代化武汉的代表，是未来武汉"双核"之一，是未来武汉某些城市功能的承担者，是新的CBD，还是一个高科技人居社区、智能新城？要回答这个问题需要明确新城的地位功能，才能确定其规模、结构和布局，以及与主城及其他城区的联系。

9.14 行动规划

城市规划转型改革中的一个重要方面是加强规划的操作性和实施性，因此，行动规划就成为规划的一项重要内容在规划界推行。对于南大这样的以规划分析和方案构建为特长的学校来说，这更是努力的方向，而"美丽杭州行动规划"项目，就是一个难得的机遇。

党的十八大以后，习近平总书记对杭州市提出了"做美丽发展的样板"的要求。针对中央领导人提出的这样一个全新发展理念与创新发展要求，如何把它系统化、具体化为相关的行动？2013年在杭州市规划局张勤局长的亲自组织下，南大建筑与城市规划学院张京祥教授团队与杭州市规划设计研究院联合编制了《美丽杭州行动规划》，并专程赴京向吴良镛院士请教。作为国内城市第一个以"美丽"发展为主题的规划，又重在落实行动，这个项目确实是一个考验。为此，规划团队作了认真思考和深入研究。规划基于对全新的国际、国内发展环境的前瞻，深刻地阐释了美丽发展的内涵，针对杭州的美丽发展构建了总体目标，明确了主导战略，随后从不同的方面提出相关行动与重点示范工程，成为杭州城市实施"美丽发展"战略的目标总纲与行动路线图，受到了市委、市政府的高度认可。

规划团队认为，要从建设美丽中国的全局高度认识杭州的历史责任。因此，杭州除需要客观、审慎地总结既往的经验，更需要以战略、前瞻的视野来积极谋划、主动应对，构建面向未来发展的全新目标与战略路径。作为中国城市创新发展、绿色发展、品质发展的典范，杭州更有义务主动面向国际，代表中国，与世界城市文明和发展理念进行平等对话，向世界传递中国在新全球背景下的发展理念、发展模式和示范路径。正是基于这样的重大背景，国家不断赋予杭州极大的期许和责任，要求其进一步聚焦城市国际化的发展目标，打造"美丽中国"发展的最佳样本。

规划指出，今后的杭州将面向全球，代表中国未来的发展方向，全面彰显创新、协调、绿色、开放、共享的发展理念；代表中国的发展导向，以更加自信、更加开放的姿态拥抱世界，增强参与国际分工、服务国家战略的核心竞争力；代表中国的道路自信、制度自信和文化自信，在全球发展进步中积极贡献"中国智慧"和"中国方案"；代表中国积极参与全球职能分工，努力成长为新兴的全球城市、全球互联网经济的门户城市、科技与产业创新引领城市，以及可持续发展的宜居城市。

规划构建了"123"战略发展目标体系，描绘了杭州未来城市发展的总体愿景（图9–17）。

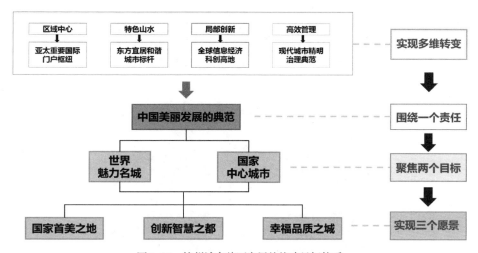

图 9-17　杭州城市美丽发展的战略目标体系
资料来源：南京大学规划设计研究院，美丽杭州行动规划，2013 年

（1）围绕一个责任：中国美丽发展的典范

杭州城市的国际化发展，其根本目的不是简单跟随和复制世界上其他城市的发展路径，而是在于总结、提升自身发展经验，彰显属于杭州、属于中国的发展理念与发展模式，"美丽发展"正是这一发展理念、发展模式的集中体现。作为中国美丽发展的典范，杭州需要重点做好三方面的示范：首先，形成功能示范，展示新经济发展的机遇与潜力，为中国各城市开展创新创业活动、强化国际交流水平提供理论和经验支撑；其次，构建路径示范，为中国城市发展转型路径作出积极探索和表率，展现生态文明建设、美丽发展的生命力与价值，引领其他城市加入中国绿色崛起的大潮当中；再次，塑造品质示范，借助全球社会对于杭州自然生态、城乡空间品质的高度认同，为中国其他城市未来进一步推进城乡建设树立标杆，形成"美丽 + 活力"的城市品质发展新样板。

（2）聚焦两个目标：国家中心城市，世界魅力名城

作为中国美丽发展的典范，杭州应在国内、国际两个维度上共同发挥重要的职能：一方面，需要更加融入大区域和国家发展体系，成为中国城市转型发展、经济创新发展的"引领者"，争创国家中心城市；另一方面，必须更加主动、有力地跻身全球竞争环境，扮演好中国经验、中国模式的"示范者"角色，塑造世界魅力名城。

（3）实现三个愿景：国家首美之地，创新智慧之都，幸福品质之城

作为"国家首美之地"，杭州必须超越从传统地理区位和规模角度与其他城市比"中心"、比"体量"，重在明确杭州在国家生态文明建设中的引领示范作用。作为"创

图 9-18 《"美丽杭州"行动规划》封面
资料来源:南京大学规划设计研究院,美丽杭州行动规划,2013 年

新智慧之都",杭州必须不求最大,但求最好、最具特色,应使杭州成为特色鲜明、具有全球影响力的"互联网+"创新创业中心,成为实至名归的国际性创新智慧高地。作为"幸福品质之城",杭州必须重申数十年来坚持不懈的品质发展追求,要在全球发展语境和体系中传承中华文化,弘扬正确价值理念,坚持品质发展追求,实现百姓安居乐业、生活幸福美好。

在此基础上,规划提出了杭州美丽发展的总体空间格局:形成"湖山为心,钱江为脉,一主四城(临平副城、江东副城、富阳副城、临安副城),网络都市"的市域发展新格局(图 9-18)。

《"美丽杭州"行动规划》成果获得了 2013 年度全国优秀城乡规划设计一等奖,在业界产生了巨大的影响。随后,厦门等多个城市都编制了"美丽发展"的主题规划。此后,张京祥教授团队又分别承担了《美丽宜居新江苏建设规划纲要》(江苏省住建厅组织)、《美丽江苏建设总体规划纲要》(江苏省发改委组织)等一系列重要的"美丽规划"。

9.15 乡村规划

作为具有广阔农村的农业大国,我国对于乡村这一重要的地域空间和生产与居住场所,在各个时期(计划经济和市场经济)都是有规划的,包括农村规划、人民公社规划、乡镇企业规划、小城镇规划、村庄规划等。只是随着国家经济社会发展、城镇化进程和乡村地位的变化,乡村规划的理念、目标、内容、重点各有不同。在改革开放以前,乡村就是农业生产基地和农民居住场所,认为"农村农业、城市工业"(乃至"县长抓农业,市长抓工业"),乡村是城市发展的粮食和副食品基地、工业品市场、劳动力来源,处于保障城市发展的附庸被动地位。即使在改革开放以后的很长一段时间内,乡村仍然是城镇化过程中农业资源、土地、劳动力资源的供应地,处在城乡矛盾中的衰落一方。大量的产业规划、土地规划、居民点规划(城镇和村庄)、交通规划以及种种环境改造规划等一轮轮的乡村规划促进了农业发展、环境改善、农民增收,但是农业用地过快流失、小城镇发展滞缓、农民外流、农村萎缩衰退的现象依然存在。乡村振兴上升为国家战略后,"乡愁"成为城市发展建设中的热点和焦点,中国的乡村发展和乡村规划进入了一个历史新阶段。对此,我曾在多次会议和报告中发表了观点。

首先,对乡村的认识有了根本性的转变。①地位的改变。乡村与城市是区域空间中同等重要的组成部分,乡村和城市在国家社会中的地位无高低之分。现代乡村是一个区域的综合经济体,种植、加工、服务,一二三产业综合发展。②价值观的改变。乡村具有高质量的生态安全价值,传统的文化价值,满足生活需求的旅游、休憩空间价值,乡村、城市同等重要。③乡村是城市之源,乡村孕育城市。因为乡村剩余农产品和手工业品的交易才产生了城市,乡村以资源、土地、劳力支持了城市。在乡村发展和走向现代化的过程中,城市是乡村的依托,城乡融合,城乡一体,共同发展。优美乡村、繁荣都市共同构成一幅美丽中国的画卷,乡村规划要适应乡村地位的变化,从乡村振兴的高度来规划当代的新乡村。

其次,新乡村规划有以下特点。①规划的全覆盖和差异化。在地域上,从县、乡到自然村;在功能上,包括农业、生态、二三产建设空间;在主题上,包括利用、保护、整治、调整;在规划类型上,包括规划、设计、建设,综合规划和专项规划;在规划内容上,从产业、土地、交通、住房到环境整治。同时,按照因地制宜、因乡制宜的原则,注重差异,彰显特色。为此,规划中要重视区域和类型的划分,例如江苏在新版的乡村布局规划中,就把自然村在规划村和非规划村中再分为重点村、特色村、保留村。②结合农村致富与城市居民旅游(尤其是周末、节假日)需求和乡村振兴要求,从农家乐开始,范围涉及环境整治、人居住房改造、休闲旅游、美丽乡村建设。以村庄为对象的乡村规划蓬勃发展,大量的"金花"村庄涌现。通过规划建设,美丽乡村从点到面，形成了美丽国土的底图，既致富农民，满足居民需求，又改善了环境，大大改变了农村的面貌。③紧扣城乡一体、城乡统筹思想，把乡村发展和城市联系在一起，从城乡共同需求出发来发展乡村。④这一轮的乡村规划是规划工作下沉（从城市深入到城市社区）的重要体现。社区规划师、乡村规划师使规划工作从规划走向设计，从编制走向实施，甚至走向施工建设阶段，使规划真正让村民得到实惠。南大规划团队在小城镇规划和乡村规划方面也承担了不少的任务，并获得了多项奖项。值得称道的是南大规划设计院乡村所在张川所长的带领下，从南京江宁区规划开始就为乡村振兴做了大量工作，包括江宁区的村庄规划、村庄建设规划、田园综合体规划、特色田园乡村规划、美丽乡村规划、美丽乡村江宁西部示范区详细设计等，并在国内著名的江宁村庄建设的"五朵金花"中发挥了主要作用。他们从规划、设计到建设、施工的全过程服务得到了乡村政府和村民的肯定，并为当地政府编制了《南京市江宁区美丽乡村导则》，为规范乡村规划作出了重要贡献。南大规划设计院乡村所的乡村规划工作范围已扩展到山东、浙江、广东、陕西、四川、云南、青海、新疆等13个省级行政区，38个县市，获得了多项国家、省、市级奖项，成为南大规划新的品牌。

2006—2008年由王红扬教授承担、我作为顾问的《海南省社会主义新农村建设总体规划》作为新阶段的乡村规划，有着很多新的思想和做法。

改革开放以来，海南从作为广东省的一部分到独立建省，再到特区、自贸区，经历了发展方向和前景的种种变化。在全国工业化高潮阶段，海南也曾把工业作为重要支柱产业，提出过"东游西工"（东部旅游、西部工业）及建设开发区（洋浦）的设想。1990年代，由日本协力团编制的由一个总报告、六个分报告（专题）组成的数十万字的《海南国土规划》，提出鉴于海南特殊、优越的自然环境（特别是气候条件、区位特点），强调以发展农业和旅游业为方向。到21世纪中央作出建设旅游岛和自贸区的决策，海南的发展方向才算是"尘埃落定"。由于是独立海岛，且人口和面积不大，因此海南一些涉及全局的规划都以全岛作为一个空间单元，如海南省城镇体系规划、海南省城镇发展规划。这次委托南大做的也是《海南省社会主义新农村建设规划》。

由于海南城镇化水平不高，城镇不强，大城市少，农村广阔，农业重要，农业发展条件优越（热带气候条件），农业类型多样，是国家农业育种基地，又有民族聚居，因此，海南的新农村建设具有一定的特殊性。这个项目的特点包括几方面。①整个规划基于"系统性""科学性""地域性"和"战略性和可操作性相结合"四个原则，将新农村建设的"生产发展、生活宽裕、乡风文明、村容整洁、管理民主"二十字方针分解、统筹落实在陆域面积 3 万平方公里、人口 800 万的海南省。②特别突出问题导向性，如针对城镇不强的弱反哺能力如何发展农村，优良农业资源条件如何转化为现实生产力，针对村庄分散且类型多样的村庄如何有序分类发展等六大问题进行深入研究，提出各种方案。③开展了包括战略规划、发展规划、建设规划、实施保障规划在内的系统性规划。④针对海南新农村热带唯一性、生态美好性、农业优越性的特点，提出开创"政府引领市场，以热带高效农业和空间统筹发展为两大支柱，城乡同步发展、农村高效益生态化发展"的海南新农村建设模式的战略目标；建设服务型产业培育地的小城镇、集镇、有机消化形成的高品质村庄 + 多元模式的农业区 + 自然保护区、山林绿地、农业开敞空间、河湖水系构成的生态空间网络组成的整体空间生态基底与镇、村、区空间基底相协调的空间结构。⑤提出海南发展规划战略重点要求：打造热带高效农业核心竞争力和可持续发展机制；推动农业农村发展；构建农村教育第二平台，完善农业自组织体制机制；依据空间统筹和社会和谐两大原则，落实村庄分类发展和差别反哺，预控和促进城镇化和空间统筹发展。⑥进行省域、次区域（据海南省自然和经济人文特点划分为 7 个次区域）和村庄分层次全覆盖的空间规划。规划成果向海南省规划委员会进行汇报（常务副省长主持，我参会并发言），获得好评。此规划项目还获得"华夏建设科学技术奖"的三等奖。

第 10 章　学科发展变革新阶段

10.1　组建新学院

回顾南大规划学科的发展，1975 年从经济地理转向城市规划，1997 年从理科转向工科。经历两次大的学科发展变革阶段以来，在进入新千年的十多年里，南大的规划学科发展环境又有了新的变化：一是城市规划从建筑学下的二级学科升格为城乡规划一级学科（同时升级的还有新设的风景园林），给学科发展建设提供了更广阔的空间；二是 2010 年城市规划专业由于在原学院发展受到制约以及为了响应南大发展工科的要求，于是和由东南大学建筑系转来南大成立的建筑研究所共同组建南大建筑与城市规划学院，下设建筑学和城乡规划学两个专业、南京大学建筑规划设计院和南京大学城市规划设计研究院两个规划设计机构（实践基地）（图 10–1）。

南大建筑与城市规划学院的成立在业界也引起了一定的反响。国内其他院校的建筑与城市规划学院都是由工科的建筑学和城市规划系合并组成的，同为工科体系，有相同的学科发展理念和素养，易于相互协调沟通。而南大的建筑与城市规划学院却是两种背景、两种体系下组建的工科学院，既有困难，又有创新。正如重庆大学赵万民教授所说，这也许是城市规划学科发展的新路子（大意）。学院成立后，两专业领导也都重视各展所长，相互融合。例如，两专业教学共享：一些课程学生可自由选课（如城市地理、城市规划原理、大数据方法、建筑学基础、城市设计、建筑技术），同时在科研上、规划项目上相互支撑。经过十多年的发展，总体上两专业在相互的专业理解上有所加深，对学科发展有一定共识，但融合不足，尤其在新工科背景下，在理解新时代对两专业发展要求的基础上，如何探求两专业在学科、教学、研究和实践中的互长互补，走进一步的融合之路，尚需努力。

图 10-1　南京大学建筑与城市规划学院建院 10 周年院庆发言

10.2　区域规划研究中心的建立

2012 年 12 月，住房和城乡建设部（后文简称住建部）和南大在城乡规划领域开展战略合作。时任住建部副部长仇保兴和南大校长陈骏在京签署了合作协议，并在住建部支持下建立推动学科发展、提高专业人才培养质量、增强服务国家战略需要的能力和水平的研究平台——南京大学区域规划研究中心，由张京祥教授任中心主任。中心的建立促进了南大规划以区域见长的学科发展。自 2013 年起，研究中心先后参加了"山东省城镇化发展战略研究（2013—2030）""美丽宜居新江苏规划建设纲要""美丽杭州行动规划""武汉市新型城镇化（2014—2020）""南京建设国家中心城市的战略思考"等研究课题以及多地城市总体规划工作，获得多项荣誉（图 10-2）。

2018 年，为了顺应国家空间规划体系的重构和学科发展转型，中心更名为"空间规划研究中心"，以求整合资源，打造一个多学科交叉、面向校内外的开放研究平台。围绕空间规划研究中心的新使命，中心扩大了研究领域，包括城镇化、乡村振兴、新阶段空间战略研究等，并全面接轨国土空间规划，积极融入国民经济社会发展规划，承担了南京市"十四五"规划项目（我作为项目牵头人）、句容市"十四五"规划编制任务，进一步扩大了南大规划学科的影响力。

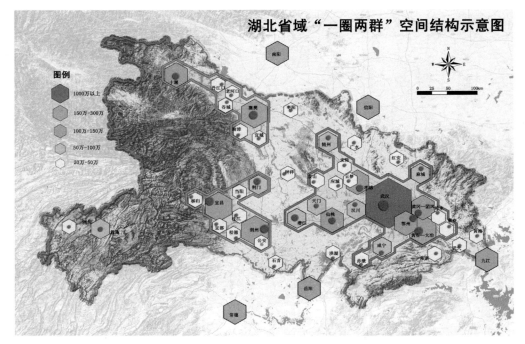

图 10-2　区域规划研究中心主持编制的湖北城镇化战略规划中的省域空间结构图
资料来源：南京大学区域规划研究中心

10.3　国际化进程

应当承认南大的经济地理或城市规划由于学校地理区位，在对外开放程度上确实不如位于首都的北大、邻近港澳的中山大学、位于国际大都市上海的华东师大，因而在国际教学、科学合作、交流和国际活动方面并不突出。南大是以人才培养，以其教师和毕业生在国内外高校、科研、规划设计机构、学术团体的成就而为国内外学界和业界所认知。21世纪，南大规划学科的国际化进程有了很大的推进。一是2007年南大与法国巴黎著名规划院校（巴黎十二大）共建了中法城市·区域规划研究中心（设两位主任，中方为王红扬），开展合作研究和举行中法城市区域规划论坛双边学术会议，教师互访，联合培养博士生，并以中法中心为基础扩展至中欧研究，与英国伦敦大学学院及曼彻斯特、利物浦和荷兰乌得勒支等欧洲城市的规划名校建立持续稳定的国际合作。2009—2012年，中法中心与欧洲合作伙伴共同完成欧盟第七框架（FP7）项目——中欧跨大陆城市与区域研究项目。2015年，中法中心还受邀参与了联合国"城市与区域规划国际准则"的讨论与制定。2017年，成立"中国—以色列规划创新中心"，以建立研、学、产一体化开放性的规划创新合作平台为目标，与特拉维夫大学建立合作关系。由此，南大由传统的以教师个人为主的国际合作（涉及美、英、日、澳等国）扩展至校际、国家间机构的合作。王红扬教授因其英国利物浦大学规划专业博士的资历、熟练的英语以及丰富的专业理论和实践成果（2012年他所主持的"汕头市城市战略规划"获国际城市与区域规划学会城市规划卓越奖）而成为国际规划活动的重要参与者，并应邀参加2016年联合国人居三会议及《新城市议程》的撰写和"人居三"会议文件的起草。2013—2015年，王红扬和石楠（中国城市规划学会常务副理事长兼秘书长，南大78级校友）作为中国城市规划学会和国际规划师学会代表，直接参与了第一个全球性城市规划规则——联合国《城市与区域规划国际准则》的制定工作。二是教师、学生开展国际学习交流活动已是常态，除了组织和参加国际会议外，教师、学生（研究生）去外国进行为期半年、一年的学习交流活动十分普遍。而师资队伍中引进和就职的拥有海外经历的比例增加，他们更带来了与原就职、就学国家的资源和联系，使国际合作更加广泛、频繁。三是国际学术交流活动广泛开展，从2014到2019年共举办国际、国内会议40余次，与联合国人居署建立了密切的合作关系，联合主办人居环境可持续发展论坛。除了本系教师到国外访学、进修外，还多次邀请国际著名专家（包括大卫·哈维）举行讲座（图10-3），每年共举办超过30场学术报告。同时，开展学生国际交流和国际化教学。每学期有不少于1个月的国际课程，不少于5次国际学术讲座，为研究生开设暑期课程，为本科生开设"国际教学设计周"，并借鉴伦敦大学学院的经验实施全新的国际研究生课程体系，国际教学活动逐渐展开。就此南大规划系也形成了浓浓的国际化氛围。

图10-3　柯尔比、大卫·哈维讲座后与王红扬教授讨论

10.4 南大规划学科的特色

10.4.1 南大规划教学特色

自南大规划专业创办以来,在老一辈教授宋家泰等的领导和培养下,以及国内规划专业高校的支持和相互学习中,南大规划学科逐渐形成了自己的特色。2017年6月,在苏州西交利物浦大学召开的"国际城市规划教育会议"上,我曾作了《中国城市规划教育的新模式——南京大学的探索之路》的报告,从经济地理介入城市规划的背景,到城市规划教育新模式的探索,从中国城市规划变革和转型、规划教育人才培养的变化,到城市规划学科走向多学科交叉的大趋势,介绍了南大规划教育的发展阶段,并归纳了南大规划教育的特点。①南大规划专业的教育目的是培育以地理学为特色、以规划为核心、理工文相结合的综合性城市与区域规划人才,形成以地理学和建筑学为两大基础、以规划为核心(发展规划、空间规划,以及区域、城市、乡村、专项规划),与经济、社会、历史、生态及政治、法律等学科相交融的教育体系。②"理论为基,理性思维,实践为本,调研优先",以地域观点、全局(整体)观点、系统观点和综合能力为特色,以人地系统思想研究人地关系、时空关系以及空间利用、发展、演化规律。重视实践,教学与实践结合,科研与教学、实践相结合。③南大规划专业人才的特点是"宽视野、厚基础、强综合、重方法、秀文采",适应性强,服务面广。几十年来,南大规划专业也涌现出了石楠、杨保军、顾朝林、吴缚龙、张京祥等一批著名的中青年学者。

10.4.2 南大规划科研特色

时至2019年,正值新中国成立70周年,很多学术团体和刊物都在举办各种纪念活动、征文、发表回忆文章、叙历史过程。我也曾受邀写几篇,回顾了在南大从事城市与区域规划研究40多年来的历程。南大规划学科进行科学研究的内容是多方面的,也是与时俱进的,包括目前的大数据、智慧城市(甄峰教授团队已是国内一线的重要研究者),但有两个方面——城市化和城市与区域空间,一直是南大的研究方向和主线。

(1)城市化(城镇化)研究

2019年11月,南大建筑与城市规划学院举行"南京大学城镇化研究暨纪念吴友仁先生《中国社会主义城市化问题》发表40年"大会。自从1979年吴友仁教授发表《关于我国社会主义城市化问题》一文揭开了中国城市化研究的序幕以来,城市化已经从学术论文上升到国家战略,从单一学科研究发展到多学科跨界融合,成为社会的

> **进展26：国家城镇化空间格局优化与城市群建设**
>
> - 城市地理学家于1980年首次提出了城镇化的概念，经过20年努力推动城镇化上升为国家战略，推动2013年底召开了历史上首次中央城镇化工作会议，参与编制《国家新型城镇化规划》并以中央文件下发实施
> - 率先将美国地理学家Northam提出的城镇化发展三阶段论修正为四阶段论，总结出适合中国国情的城镇化发展S形曲线规律和城市空间格局优化的新金字塔形配置定律，被国务院文件采用
> - 推动城市群成为国家新型城镇化的主体，提出中国城市群"5+9+6"空间组织格局被国家"十三五"规划全图采用
>
>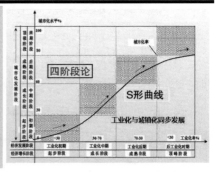
>
> **主要地理学贡献者**：崔功豪、许学强、周一星、姚士谋、宁越敏、顾朝林、薛德升、方创琳等

图 10-4 中国地理学会 110 周年会议重大进展报告节选
资料来源：陈发虎，中国地理学会 110 周年报告，2019 年

共识。在庆祝中国地理学会成立 110 周年之际，中国城镇化研究也被列为地理学的重大进展之一（图 10-4）。

南大的规划学科研究始终抓住城镇化这条主线，研究分为四个阶段。第一阶段，从 1979 年发表论文，首开先河、接轨国际开始，包括在美国地理学最高学术刊物发表大陆学者第一篇关于城市人口的文章（1987 年），召开第二届亚洲城市化国际会议（1988 年），开展中美联合的自下而上城市化研究（1995 年）、农村城市化研究、沿海发达地区长三角城市郊区化研究等。第二阶段，2000 年代快速城镇化进程中，城市区域化、区域城市化背景下，城镇化动力机制及城市化各种新问题研究，包括中国城市化与经济社会发展关系、行政区划调整与城市化、后工业化对城镇化影响、户籍制度改革——城市绅士化进程，以及人力资本、经济增长与城市化，沿海发达地区半城市化。第三阶段，21 世纪以来，新型城镇化要求下，以区域（省、市）城镇化、电子商务推动的城镇化（E-城镇化）为特色，包括"压缩"环境下的规划、中国城市化与研究范式、分区城镇化路径、家庭视角下乡村人口城镇化、新自下而上进程——电子商务作用下的乡村城镇化、高校周边地区商业绅士化研究等陆续展开。同时，各个时期南大都承担了重要的科研项目，出版了大量论文、著作。我个人也十分关注城镇化研究，持续数十年不断。城镇化研究也是我的学术报告的主要内容，较有影响的报告有：城镇化快速发展时期和新型城镇化时期两次面向山东全省建设系统干部的报告；2010 年海南获批国际旅游岛后三次海南省处级以上干部培训的报告；在上海浦东干部学院向越南党政干部城市规划专题培训班和其他外国学生做的报告。我在报告中运用了详实的资料和图件，界定了城镇化概念，阐述了中

国城镇化发展的背景、意义、过程、特点、问题、趋势，报告取得良好的效果。我还为中共中央组织部组织的党外省部级干部学习班（学员有后任广东省副省长的许瑞生和住建部副部长的黄艳）做了以《中国城镇化四十年》为题目的类似中国城镇化发展报告的总结性报告。报告中指出了中国城镇化从被"忽视"到上升为"战略"的过程；划分了城镇化发展的5个阶段；指出中国城镇化的国际意义和发展的特殊背景；诠释了发展中的问题；指明了中国城镇化发展的新动向；解释了新型城镇化的内涵、实质；最后，明确阐明了城市规划和人的城镇化的关系。报告引起广泛兴趣和肯定。

归纳南大城镇化研究的特点有三。一是40多年来，南大的城镇化研究持续不断。自1979年社会主义城市化问题以来，1990年代为自下而上城镇化、乡村城镇化、郊区城镇化研究。2000年代为中国典型区域城镇化和半城镇化研究。2010年代至今为新型城镇化、互联网时期城镇化、未来中国城镇化研究。二是城镇化研究的内容丰富多彩。研究尺度由国家、省域、都市区、城市、县、乡、村到家庭；研究内容涵盖绅士化、郊区化、逆城镇化、半城镇化、乡村城镇化、电商城镇化等新现象；研究方法从人口测度、经济社会分析到大数据分析等。三是城镇化研究领域与时俱进，密切结合当前的社会科技发展形势。1980年代改革开放初期的社会主义城市化问题初探和对新中国城市发展的特点、过程、趋势的研究；1990年代起经济体制改革和市场化时期，针对以农村改革为动力、自下而上城镇化及乡村城镇化的研究；2000—2010年以城市改革为动力的中国特色城镇化发展时期，聚焦中国密集地区的城镇化进程和系列城镇化问题的探究；2010—2020年新型城镇化时期，国家经济社会发展转型、国家新型城镇化战略出台及互联网快速发展背景下，区域城镇化、城乡一体化、家庭城镇化、电商城镇化等方面的研究。朱喜钢还将研究延伸至中产阶级化研究，并成立了南京大学中产阶级化研究中心。

（2）空间结构的研究

空间结构既是城市地理学的核心内容，也是城市与区域规划的重要内容，理科背景的南大规划学科自然钟情于空间结构的研究，40多年来对于空间结构的研究也是持续不断。南大对空间结构的研究包括城市空间结构、城市群体空间结构、区域空间结构以及新城市空间几个方面。

1980—1990年代是南大对空间结构研究的一个开创和集中时期。这个时期正是南大规划学科从经济地理转向城市规划的初始时期。因此，城市空间理论的探索和规划实践是南大规划的重点。宋家泰教授在研究生培养中便开始了密集的多类空间结构研究，包括中国城市形态（武进，博士生）、中国城市空间结构模式（胡俊，博士生）、中国城镇体系（顾朝林，博士生）、合肥市城镇体系（万利国，硕士生）、宜昌市城镇体系（周庆生）、城市边缘区结构（武进、顾朝林、邹怡）、城市带（李世超、杜国庆，硕士生；崔功豪、沈洁文）国土空间结构（宋家泰、崔功豪等）、城镇群体组合（张京祥）、城镇体系规划结构（宋家泰、顾朝林）、城市—区域理论（宋家泰）、信息时代的空间结构（甄峰）等。而其中，以城镇体系为代表的区域空间结构研究是南大空间结构研究持续最久的特色。随着城镇体系规划逐步为国家所重视，成为规划体系的独立部分，并承担起区域规划的功能，南大的城镇体系研究和实践也更加广泛，包括承担国家课题、规划实践项目，撰写学术论文，培训干部。

南大在城市规划研究中曾提出两个重要的观点。一是"以区域论城市"。城市是区域的中心，区域是城市的基础，城市和区域的关系"如影随形"。当然，区域的概念和范围也是动态变化的，从行政区域、经济区到市场区域，从功能区域到辐射影响的区域，从实体区域到虚拟区域，区域虽有不同，但城市与区域的关系实质未变。二是"以体系论城市"。区域内不仅只有一个城市，整个城镇体系构建起汲取和支撑区域资源和发展的骨架。因此，1980年代初，我就参加了城乡建设环境保护部委托胡序威、严重敏两位教授主持的"工业与城镇布局"研究课题，完成了《湘东地区城镇体系》；1982年，南大就接受城乡建设环境保护部的委托联合举办了第一期城市规划研究班，并开展晋东南城镇体系研究。1980年代中，南大就开展了合肥、烟台、宜昌城镇体系研究；1986年，宋家泰、顾朝林发表《城镇体系的规划理论和方法初探》一文，总结提炼了"三结构一网络"的城镇体系规划内容的基础。1987年，城乡建设环境保护部和国家计委国土局联合在南大承办为期一个半月的"区域城镇体系与规划研讨班"。1990年代后，我参加了省（江苏、湖北、山东）、市（苏州、南京等）、县（江宁）各级的城镇体系规划的任务。由我作为省规划指导、张京祥参加的专题研究《江苏省城镇体系规划》获得建设部优秀规划设计一等奖。我也受邀在建设部与日本的联合国区域研究中心联合在兰州举办的省域城镇体系规划培训班讲课（图10-5）。同时，南大还参加了一些颇有特色的城镇体系规划项目，如云南省大理白族自治州城镇体系规划、震后青海玉树城镇体系规划，进一步丰富了城镇体系规划研究的内容。

在全球化、市场化、信息化的背景下，原有的城镇结构体系也从垂直化走向扁平化，网络结构更加复杂，在大数据支持下，城镇之间联系的研究更加深入。而城镇体系的范围从行政区、经济区让位于都市群、都市圈，城镇体系研究也进入新阶段。在城乡一体化的理念下，城镇体系研究也延伸到城乡居民点（聚落）体系，更突出了区域的特色。

图 10-5　2001 年省域城镇体系规划兰州培训班现场

（3）社会空间结构研究

南大较早注意到城市社会空间的研究（中山大学许学强在 1990 年代初即有研究成果），吴启焰的博士论文《南京市的居住空间结构》正式开启了南大社会空间结构的研究进程（前文已述及）。2008 年由顾朝林教授指导的黄春晓的博士论文《城市女性社会空间研究》以独特的女性主义视角、以南京为实证研究区域，从女性日常生活需求、日常行为特征出发，分析了女性就业、居住、休闲三方面的空间分布、空间选择、空间需求问题。通过对不同性别日常生活中的空间经历进行对比，认识我国当前城市中关于性别的空间关系和空间平等的基本特征，分析了女性社会空间发展趋势，构建了我国女性空间研究理论框架。虽然这项研究还是初步的，但开拓一个新领域还是很有意义的。还有张敏教授对文化空间的研究等，均丰富了南大社会空间研究的内容。

（4）新城市空间研究

21 世纪初，在增长主义思潮下，结合行政区划调整，我国城市空间扩张迅速，各类新空间，如产业空间、商业空间、行政空间、休闲空间、新城空间等纷纷涌现，从而引出了新空间如何合理发展以及与原有中心城市空间的有机整合问题。于是我 2000 年申请了国家自然科学基金项目"新城市空间合理发展与整合研究"，开展新城市空间研究。重点选择了产业空间、商业空间和休闲空间三种新城市空间，并结合深圳国土空间规划项目进行城市空间整合的研究，为南大空间结构研究提供了新的案例。

南大也十分关注城乡统筹下城市空间结构的研究和互联网时代城市与区域空间结构问题。甄峰和沈丽珍分别结合博士论文，进行了信息时代区域空间结构和流空间的研究。

（5）计量方法研究

南大规划学科的另一个重要特色是林炳耀教授开创的计量方法教学和研究。林炳耀教授是地理界和规划界最早开展计量方法研究的学者。为适应地理和规划研究计量化、科学化的需要，林炳耀教授在1980年代初就开设了"计量地理学"课程，编写了《计量地理学》教材，在国内最早系统地提出了城市与区域规划应用数学方法和计算机技术求解的规划思路，发表了《数学方法在地理和规划中的应用》《城市与区域系统分析方法》等一系列文章，并在1981年为教育部、城乡建设环境保护部举办了计量地理学培训班，为大学教师、规划设计人员提供了计量地理和规划决策支持领域的基本方法，成为全国计量研究的先驱者，而计量方法研究也因此成为南大的传统特色之一。在林炳耀教授患病逝世后，徐建刚等继续了这方面的传统，并结合地理信息系统（GIS）等新技术，在计量研究方面取得新的进展。

（6）区域研究与区域规划

区域研究是经济地理的基本素养和基本内容。区域观点、区域分析、区域研究与区域规划为南大规划学科的传统优势与主要领域。南大在1976年举办城市规划干部培训班时，宋家泰教授就编写了《区域规划基础》讲义作为课程教材。1980年代申请了教育部"区域规划的理论与方法"的博士点基金，提出"城市—区域"理论。南大陆续开展了区域城镇体系规划、国土规划、地区发展规划及多类城市区域规划（都市圈、城镇群）等区域规划，积累了丰富经验，出版了不少成果。

我个人对区域规划也较为重视和关注，我的第一个相关研究就是在湘江流域调查基础上的大学毕业论文——《湘（潭）株（洲）地区经济地理》。从1958年起直到1966年"文化大革命"开始，我一直在做区域调查和规划工作，从甘肃河西走廊到青海柴达木盆地的综合考察、云南南部橡胶宜林地考察、贵州山地利用研究，都是区域性问题，以调查研究写成报告，也都是区域研究和规划成果。

1975年从事城市规划后，区域研究和区域规划依然是我重要的工作组成部分。从区域城镇体系、国土规划、县域规划，到城乡一体化规划，市县域规划，都市区、都市圈、城市群规划，长江沿江带、江苏沿海带研究规划以及省域城镇化规划，一直没有间断。21世纪以来，针对国家区域格局的变化、多类国家战略区域的兴起、城市区域的涌现，各类规划层出不穷，出现了多部委为争夺空间话语权而组织编制重复矛盾、范围相同、目标相近、内容重叠、时间不一的规划的现象。我曾在规划学会做过报告，指出这种不正常的现象。这同时也触发我思考区域与区域规划的命题。从 21 世纪初，我在中国城市规划学会年会上做了《当前城市与区域规划问题的几点思考》的报告，主要指出需要从全球化背景出发，研究全球事务、中国区域体系结构和城市区域规划需要研究的问题（报告内容刊登在《城市规划》杂志 2002 年第 2 期）。到 2016 年，我在不同场合，包括中国市长研究班（2001—2005 年，我连续在市长研究班就城市区域问题做了 5 次讲座）以及应省（江苏、浙江）、市发改委、规划局、规划院等机构邀请，就区域和区域规划共做了 12 次报告。主要包括两个方面内容：一是强调城市发展的区域观；二是区域规划，以及认识国家区域格局的变化与区域规划变化。具体包括：城市发展区域观、城市问题也是区域问题、城市区域化、城市区域规划问题、国内外区域规划发展动向、区域发展与区域协调、中国区域发展总体格局及其演变、中国区域规划回溯与变革、中国区域发展等。另外还就长江三角洲城市发展，江苏扬子江城市群、粤东城镇群、宁夏沿黄城市带分别做了报告。这期间，我还编写了两本书。其中《区域分析与区域规划》（高等教育出版社教材，从 2005 年起已经出版了 3 版）（图 10–6），共印 30 余万册。作者包括：崔功豪（第一～三版）、魏清泉（第一～三版）、陈宗兴（第一版）、刘科伟（第二、三版）、翟国方（第三版），另一本是《当代区域规划导论》（崔功豪、王兴平编著）（图 10–7）。尹海伟、罗震东等也合作出版了《城市与区域规划空间分析方法》（图 10–8）一书。

图 10–6 《区域分析与区域规划（第三版）》
注：崔功豪、魏清泉、刘科伟、翟国方编著，
高等教育出版社出版，2018 年

图 10–7 《当代区域规划导论》
注：崔功豪、王兴平编著，东南大学
出版社出版，2006 年

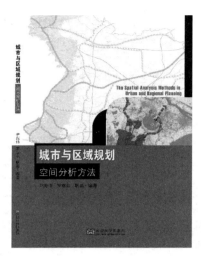

图 10-8 《城市与区域规划空间分析方法》
注：尹海伟、罗震东、耿磊编著，东南大学出版社出版，2015 年

对于中国区域规划的发展阶段，各个学者都从不同视角作了阐述。在《国际城市规划》杂志庆祝建国 70 周年的"国际视野下现代中国城市规划理论和实践"的特刊中，我和罗震东教授在回顾中国区域规划发展过程中指出：规划理论源于实践，实践具有很强的在地性与实践性。因此，研究新中国成立 70 年以来的规划发展历程，其重要的价值在于从国际视野"还原"理论和实践产生的背景，得出中国特定的发展阶段中区域规划理论思潮与行动选择之间的作用机制和演进规律。由此，我们定位于 70 年来中国城镇化在全球城市化进程中的坐标，识别中国发展阶段在发达国家对应的区段，构建了发展阶段—规划思潮—行动选择对应关系这一视角。将中国区域规划理论和实践的发展阶段分为四个阶段：1949—1978 年，起步阶段，激进的思潮与计划的落实；1979—1991 年，转轨阶段，超前的思潮与有限的试点；1992—2012 年，加速阶段，紧跟的思潮与分隔的繁荣；2013 年至今，转型阶段，先进的思潮和有序行动。这些阶段反映了中国区域规划理论的实践和演进特征，其所揭示的规律即发展阶段，规划思潮和行动选择只有在全部匹配的情况下，才能有效地推进国家治理现代化和健康城镇化。最后，我们提出了中国区域规划理论和实践的创新方向。这些观点，有待学者们评论指正。

10.5 规划校友会的建立

40 多年来，南大规划专业毕业的学生遍布国内大多省、市和众多其他国家，也在各行各业有一定的影响。为了凝聚校友对母校、对专业的热爱和对母校发展的关注，为了使南大理科背景的规划学术思想、理论、方法和传统能够延绵传承、发扬光大、形成系统,部分校友(欧阳兴荣、石楠)倡议成立南大规划校友会,这一倡议也征得南大校友总会的同意和支持。2014年,南大校友总会下第一个专业校友会——南京大学规划校友会宣告成立(图10-9)。第一任会长为石楠(78级校友,中国城市规划学会常务副理事长兼秘书长),我任名誉会长。同时成立了包括海外校友代表在内的理事会,提出了校友会的宗旨:①服务学科发展;②服务退休教师,服务规划青年群体,服务广大校友。校友会团结了广大校友,发挥了校友的特长和能量,组织了多次学术活动。第一届校友会举办了"中国城镇化和多规融合""新常态下的存量规划""长江经济带城镇化创新"三场学术研讨会和"学科发展和宋家泰100周年诞辰座谈会""崔功豪荣获中国城市规划学会终身成就奖暨青年规划座谈会"(图10-10)以及开展南大规划学科口述历史活动,并完成《继往开来,传承创新》的纪录片,设立"卓越青年奖"(已工作的校友)和"杰出学子奖"(在校学生)。现任第二届校友会会长欧阳兴荣(78级校友)进一步扩大了校友会的组织架构:增设了尊师奖励、助学奖学、校友发展、学科发展及规划设计、城镇营造等专项委员会和华东、华北、华南、华中、西部各区域及海外等区域机构,旨在充分践行校友会宗旨,发挥各地、各业校友的积极性。同时,校友会积极开展各项活动,与建筑与城市规划学院共同举办"与学长面对面"主题活

图10-9　校友会筹备阶段时任校长陈骏(前排左一)亲赴吴良镛先生(前排中)家商讨成立事宜

图 10-10　获城市规划学会终身成就奖　　　图 10-11　深圳"南大开讲"学术论坛启动仪式

动,由校友讲述"职业转型之路"和"专业和职业的思考",与在校学生进行现场的交流。我代表规划校友会倡议,校友会与深圳市建筑设计研究总院孟建民院士一起借纪念深圳发展40周年之际,开展了"深圳产业发展与城市空间变迁"大型系列活动(包括拍摄纪录片、大型座谈和出版论文集),创立了以"南大开讲"为品牌的系列学术论坛(湾区论坛在深圳举办,双柏论坛在云南双柏县举办,图10-11)。支持学科发展,与学院共同举办由三代城市地理课主讲教师和兄弟院校的讲授校友及修读过本课程的不同代际校友参加的"城市地理学"教学研究活动,以推动该课程作为南大规划学科特色的课程建设。同时,两届校友会还通过加强与各地地方政府的联系,为各校友企业的发展和开展规划项目创造条件,并举办各种关爱退休教师、老校友的活动。

规划校友会的建立,加强了规划校友的凝聚力,进一步扩大了南大规划学科的影响,也增强了南大在校规划专业学生奋发图强的信心和使命感。

10.6　南大规划学科两个教学实践基地建设

规划既是对未来发展的设想,又是指导建设的行动指南。因此,检验规划是否科学合理、是否成功,就需要从实际的建设中获得答案。同样,规划的科学合理也取决于对当地的自然、经济、历史的了解和演替过程的研究。为此,规划虽然是城市(区域)发展阶段时的一种需求和行为,但其依据和基础却在于对当地发展变化动因的历届规划的背景与实际的评析。由此,规划也需要类似于社会科学调研基地、自然科学实验观测站那种可以持续进行规划的地点（城市和区域）。对于一些规划技术力量强的城市，例如北京、上海等，规划单位立足本地，对城市发展有切身理解，规划贴近市情，规划大多是科学的、成功的。而对于不少城市，由于技术力量不足和领导要求，往往邀请外来规划力量承担。规划单位也是认真负责，竭尽全力，科学规划。然而，再次规划却不一定邀请同一单位，规划单位也很少再来同一城市规划。因此，其难以对一个城市有系统性的认识以及对原有规划实施的深入反思和评析。这并不是地方部门和规划单位的问题，而是由规划任务的特点决定的。这也就提出了一个问题，规划如何寻找一个可以持续的"基地"来检验规划实效的场所，并由此提高规划的水平，特别对于高校的城市规划学科发展更为重要。

（1）江宁规划基地

南大规划系接触的江宁规划中，早期是我参与各项规划（尤其是总体规划）的评审和江宁发展的讨论。南大规划系自1990年代接受建设部关于县域规划试点（崔功豪、张京祥）任务起，开始承担江宁发展的重大规划项目，如2007年南京市城乡统筹规划探索的《南京市江宁区域统筹规划》（王红扬）、2010年《南京市江宁区城乡总体规划》（王红扬）、2016年《江宁区建设南京主城南部中心城市战略研究》（王红扬）、2017年《南京市江宁区战略规划》（张京祥）。同时，结合乡村振兴，南大城市规划设计院乡村所也以江宁为重点，开展大量的乡村规划、村庄规划工作。为总结江宁规划的经验，2015年还出版了《新型城镇化规划与治理——南京江宁实践研究》（王红扬）及《南京江宁美丽乡村——乡村规划的新实践》（张川）两书（图10-12、图10-13）。南大也因为在江宁的持续规划，不断地反思、分析、思考、总结，加深了对江宁这个城市区域发展的认识和规律的探究，提高了对江宁发展建设的指导效果，提升了规划水平。并与江宁规划局建立了良好的规划"供求"关系，成了相互交流的兄弟单位，张京祥、王红扬也成了江宁的规划专家，我也曾担任江宁规划顾问，江宁也很自然地成为南大规划学科的基地（图10-14）。

（2）嘉兴规划基地

从2000年起，由于南大规划在浙江的影响及规划专业毕业生沈强担任嘉兴市规划设计院院长的机会，我们开始更多地承担嘉兴的规划任务。嘉兴是杭嘉湖平原的一部分，是浙江省难得的平原地区，人口众多，经济较为发达（尤其农业），又距上海不远，是浙江距离上海最近的地级市，更因中共一大在嘉兴续会，而成为革命纪念地。2000年起我们陆续承担各种规划项目，特别是结合国家发展形势、规划变革和当地需求的宏观综合性项目。张京祥和沈强承担海宁市城镇体系规划（2000年），徐

第10章 学科发展变革新阶段 201

图10-12 《新型城镇化规划与治理——南京江宁实践研究》
注：王红扬等著，中国建筑工业出版社出版，2015年

图10-13 《南京江宁美丽乡村——乡村规划的新实践》
注：中国建筑工业出版社出版，2015年

图10-14 2020年参观江宁展览馆在历版规划前留影

逸伦承担（我指导）嘉兴市城市发展概念规划（2002年），朱喜钢承担嘉兴市城市总体规划（2003年，我指导），承担时任浙江省委书记习近平提出的"多规合一"的嘉兴市域总体规划（2000—2004年），取得很多规划成果（见本书第9章市、县域规划部分）。2006、2008年，朱喜钢又相继承担了海盐县域总体规划、沈荡镇总体规划。此外，2005—2008年，南大规划系还承担了嘉兴市秀洲区城镇协调发展规划（张京祥、沈强）、南湖区城乡一体化总体规划（王红扬）、湘家荡片区概念规划（沈强、王红扬），还有2012年秀洲区王江泾小城市培育试点镇总体规划（沈强）。2018年，适应新一轮发展战略规划的热潮中，开展了"嘉兴市南湖区2049发展战略与东部新城2021行动规划"（王红扬、沈强）。作为新一轮的战略规划，项目进行了多项的创新和探索。规划技术路线体现了党的十九大提出的"两个一百年"和两个阶段的精神，形成了两个规划层次，明确了三步走的具体目标和策略。规划最大的创新在于基于整体主义思维、多情景的方案构思与比较，提出了基于蓝绿网络和人性交通网络，结合功能品质有机升级和空间规模精明收缩，建构高品质网络型一体化功能区，并在此基础上实现城市空间整体结构重构的"柔性重构"方案，得到了政府和专家的好评。此外在嘉兴还开展了详细规划设计项目。

在嘉兴开展规划工作期间，沈强及其团队加入了南大城市规划设计研究院，建立了上海分院，但仍植根嘉兴，接受嘉兴市、县、镇、乡村各级地方政府委托，完成各项任务，嘉兴也真正成为适应需求、提升规划、服务地方的规划基地。

一个特大城市郊县（区）、一个经济发达的地级市两个基地的连续规划，使我们感受到了地方发展变化及其中的成长规律，感受到了国家形势的变化、新的理念与新的方法的涌现。规划如何应对这些新现象、新要求，从而提升为地方服务的水平和规划的能力，更好地适应发展的要求，是值得深思的重要问题。

第 11 章　新形势、新探索、新思考

自千禧年以来的 20 多年，世界政治、经济、科技、社会的变化都对城市和区域的发展带来了深刻的影响，也引发了城市和区域研究与规划学者众多的探索与实践。各类新概念、新思路、新名词、新方法不断涌现，也促使我对于城市、区域和规划有了更多的思考和探求，并应邀做了一些演讲和交流。

11.1　对时代的思考——"后时代"的城市与规划

在时代发展的洪流中，无论是政界、学者都对发展过程中的一种变革、一种变化（政治、经济、社会、文化、产业、城市乃至人物）赋予一个"后"的前缀，以示与"前"的区别。因而，在世界多变的 100 多年来，以"后"为前缀的名词纷纷涌现，如后苏联、后冷战、后工业社会、后福特主义、后三产时代、后现代、后郊区、后大都市、后城镇化等。与"后"相关联的，也出现了许多以"新"为前缀的词语，如新凯恩斯主义、新经济地理、新城市主义等。

"后"的基本含义是对"前"的转化、转变、转型、转轨，与"前"的发展方式、运行方式、生产方式、生活方式具有普遍性、方向性、原则性的区别。然而，"后"虽然对"前"有某种否定，但从发展过程来看，更强调的是对"前"的继承、提升、优化。以"后"为前缀，表示一个旧时代、旧体制、旧理念、旧方式、旧模式的结束和一个新阶段、新体制、新理念、新形势的来临。

（1）"后时代"城市发展的背景

"后时代"的城市发展是各种背景影响的产物。第一是全球化，全球化最大的特点是让世界变成无国界的经济体，没有国界，只有市场，自由流动，竞争法则。经济界有个说法，叫"无国界行动"或"无边界经济"，全球化将世界变成了一个压缩体。在全球化的背景下，城市的发展都处在同一起跑线上，即使一个小城镇，照样

可以创造一个投资环境，吸引世界的资金，生产专有产品，参与全球竞争。全球化也使城市地位的评价标准发生变化，约翰·弗里德曼就说过："全球化时代，城市地位的高低取决于两条，一是参与国际活动的程度，二是掌控资本的能力"。前者如日内瓦，只有30多万人口，但一年内要举办5000多场会议（国际、国内），包括世界著名的达沃斯世界经济论坛、戛纳电影节，我国的义乌因小商品与乌镇因互联网会议而闻名。它们虽是小城市、小城镇，但都是因某项活动而受到全球关注。后者为掌控资本的城市如纽约、伦敦、东京等世界资本运作的顶尖城市，各地城市的国际、国内金融系统的集聚程度与城市地位相关联。第二是交通和信息技术的发展，大大加强了各地之间"流"（人流、物流、信息流、资金流）的活动，交通区位、网络节点和通道地位成为后时代城市发展的重要资源。第三是资源环境条件，包括气候变化对城市发展模式、发展质量、发展效率带来的重要影响。城市可持续发展程度成为后时代城市的重要竞争力。第四是宜人、公平、和谐的社会环境是后时代城市最吸引人的地方。人是吸引产业、吸引资金的有利因素，是城市发展的根本，也就是说，后时代城市的发展是基于与"旧时代"不同的全球化经济、科学技术发展、资源环境约束和宜人环境之上创造的。

（2）后时代城市发展的主要趋势

后时代城市发展的主要趋势可以概括为以下几点。①全球化。从全球视野中定位城市，从全球竞争中发展城市。②区域化。全球时代，全球竞争实际上表现为区域竞争，如各国广泛的联盟，即北美、欧盟、东南亚、金砖国家等区域组织间的竞争；而城市时代，区域竞争又集中体现在城市竞争的基本空间单元，例如都市圈、城市群之间的竞争。③服务化。生产性服务业和生活性服务业组成的第三产业在国民经济中占主要比重。城市不再是以二产为主的生产性城市，服务成为主要功能，城市成为区域经济社会活动的组织者、指挥者、服务者、创新者以及思想文化交流的源地和场所。④生态化。建设低碳、生态、绿色的自然环境与人文环境为一体的"看得见山，望得见水"的城市环境。⑤人本化。以人为本是城市发展的根本宗旨，为市民创造一个良好的工作与生活环境是城市发展建设的主要任务。以人为本的另一方面体现在社会公平，为全体市民（不论年龄、性别、健康状况、职业、收入、地位）服务，满足他们的各种需求服务。

（3）后时代城市规划的思考

为了适应后时代的城市发展，城市规划第一要理顺四大关系：①扩大视野，研究城市和多层区域的发展关系，即国际、国内形势变化和城市影响区域的动态演变对城市发展的影响；②人地和谐关系，包括建设空间与非建设空间关系、研究开发与保护的关系；③空间协调关系，包括为全球化服务的经济空间和为本地居民服务的生活空间、为 GDP 增长的经济空间和为民生服务的生活空间的关系，城市空间和乡村空间的关系；④文化相融关系，即海外文化和地方文化、现代文化和传统文化的协调关系。

11.2　关于收缩城市

我第一次接触到收缩城市（shrinking city）是 1990 年代末、21 世纪初澳大利亚伍宗唐教授来函谈道："国际上正在研究收缩城市，希望到中国来合作研究中国的收缩城市。"我虽然对收缩城市尚无系统的概念，但伍教授是我 1980 年代中就认识的老朋友，我对他的专业水平和科研作风颇为认可，因此同意合作，并邀请他来中国。伍教授来华后，我们讨论了收缩城市的概念（除一般的资源枯竭型城市外），由于中国正处在城市化的加速期，各城市都在快速发展，此时提出收缩城市容易引起误解，而小城镇由于区划调整等原因，有不少乡镇被撤并。于是我们确定把小城镇作为城市收缩类型，以被撤并的乡镇为对象，以江苏宜兴为调查点。我们邀请了南师大的张小林教授（研究乡村地理和聚落，我的博士生）一起参加，江苏省建设厅城乡发展研究中心的崔曙平也一并参加。宜兴市是一个经济发达的城市，小城镇基础很好，也很有实力，为了培育中心城镇，也曾有过几次撤并。在和宜兴市规划局朱局长说明研究目的后，确定了调查点，我们在规划局人员的陪同下进行了实地调研。被撤镇区的现状是基本框架依旧，街道整齐、设施齐全、建筑完好，但随着镇政府等行政机构迁移，多类服务设施也随之搬迁或衰落，店铺多数闭门，行人不多，街道冷清。询及闲坐聊天的居民，称过去还是相当热闹，集市日更甚。调查后，我们颇感城镇资源的浪费，于是建议充分利用现有条件，完全可以作为中心村来规划建设。基于此及随后几个被撤并镇调查后和讨论，伍教授撰写了参加国际会议的论文，并发表在国外杂志上。此后多年他都未再接触这个议题。

2016 年，从中山大学李郇（南大毕业生，教授）处得知，他和龙瀛（北规院，现就职于清华大学）、吴康（首都经贸大学）、周恺（湖南大学）等人正在筹备建立"收缩城市研究小组"，研究中国收缩城市，希望得到我的支持，我感到这个研究非常及时。长期以来，在增长主义的思潮下，很多城市领导和城市规划人员存在一种"城市只有增长"的误区。因此，城市规划中人口规模的预测总是逐年增长，忽视了城市作为一个生命有机体，存在产生、形成、发展、增长、衰退的周期。这种理念不仅使预测有误，也造成了相应的土地、设施等的浪费。在社会上，也缺乏对"城市收缩"的认识。我作为顾问在参加某杂志年度选题会时，有编委提出"城市收缩"，不少编委持有异议，认为我们还在快速城镇化时期。我国城市发展至今已进入存量时代，城镇化水平超过50%，很多城市和地区已达到70%，需要认真面对城市发展的另一面——收缩。这也是国际城市发展中的共同现象，对于研究城市发展规律也有学术价值。因此，我很欣赏年轻人的敏锐和创新，欣然同意，并参加了"中国收缩城市研究"从第一届在广州，第二届在长沙到第三届在北京的会议。

研究小组的工作是非常有成效的。龙瀛等利用大数据、卫星照片等资料，把市区人口连续三年下降作为标准，计算发现全国260多个城市存在收缩现象，还计算了全国以县为单位的人口变动状况；吴康利用普查数据分析发现京津冀和长三角不同区域、不同程度的人口收缩；李郇等总结了珠三角地区城镇收缩特征，反映出城市收缩现象的普遍性。这些结论引起了业界的注意，也有许多质疑。我在一次会议上做了名为《收缩：城市成长的烦恼——从城市发展规律谈起》的报告，提出了几个观点。①收缩是城市发展周期中的普遍现象，是社会经济发展变化的反映，不必惊奇，也不可怕。②"收缩"是个中性词，不等于衰退，但也反映出衰退的到来，更可能反映的是城市发展的一种调整。产业结构由重变轻、高科技发展均可使劳动力需求减少，或由于城市空间结构的调整、卫星城建设、城镇体系中次级城市的发展，导致市区人口外迁。因此，要对城市收缩的实质进行判断。③我国客观存在城市收缩和衰退的现象，研究城市收缩的本意主要还是为收缩、衰退的城市寻找转型发展的途径。因此，评估指标不限于人口，还要有经济、企业数量等的变化，更重要的是探索其原因，对症下药。④进一步对收缩城市划分各种类型，从差异中寻找共性，探求城市收缩的规律，完善城市发展规律的研究。⑤根据城市收缩拐点的识别体系和各类城市的收缩敏感性进行城市收缩的预警研究。目前，关于我国城市收缩的研究已引起国家的重视，在国家发改委的文件中已经有收缩型城市的提法，这也是科学研究为国家发展服务的又一个重要佐证。

11.3 关于大数据

我对于大数据的认识和重视源于几个实际的案例。一个例子是，一次我在院办公室论文答辩布告栏上看到甄峰教授指导的两个硕士生的论文答辩的信息，其论文题目大意一是利用大数据研究南京商业中心布局，二是利用大数据研究南京市和苏南地区的联系。我感到很有兴趣，就要了两篇论文看。研究结果很有意思：前者利用人口活动热力图数据，发现原南京商业网规划的商业中心中，有不少次级中心的人口聚集并不多，而不在规划内的商业区却人口聚集量大；后者利用微博签到数据实际反映南京和苏锡常的联系程度。另一个例子是我儿子的一个朋友谈到他们在三亚时，利用传感器传导的手机信令对旅客三天行程的消费活动轨迹进行分析，发现了三亚市商业设施布局中的问题。这些例子给了我很大的启发，让我认识到大数据的重要性。于是我开始关注大数据这个新生事物，研究了解世界大数据的发展过程、我国大数据工作的开发状况，以及当前的一些问题。为此，我在城市规划学会的一场分组会上，以"大数据：城市规划改革创新的新机遇"为题做了报告，叙述了大数据时代的来临。大数据是一种新的资源、新的资产、新的要素、科学工具和思维方式，大数据是城市规划改革的新基础等观点，举例介绍了国内外大数据研究和应用风生水起的状况，并指出大数据是城市规划创新的新动力。城市规划改革创新的核心是从物的规划到人的规划，而人的需求、人的活动、人的交往空间是国内外大数据研究和规划的主要领域。最后，我也提出大数据研究和应用的问题。信息时代，以移动互联网技术为手段的大数据是城市规划转型改革的有力工具。长期以来，我们在规划中遇到的一个很大的难题是数据的收集。以往我们都是依靠统计数据、调查数据，一来数据不全，二来数据不准，三来数据不及时，四来数据量少，因此影响了对研究和规划的科学分析和判断。而大数据以其面广、海量、及时、连续的特点为规划打开了科学分析的方便之门，并为时空关系研究提供了基础。因此，我竭力推荐在研究和规划中应用大数据。当然，大数据作用的发挥，还需要打破部门、地方的"信息孤岛"，要通过建立信息平台共享数据。同时，海量数据还有一个适用筛选的过程，更重要的是必须与科学建模相结合，以解决现实数据和未来预测数据的矛盾，进一步提高大数据的价值。如今，随着地理信息系统（GIS）和信息技术的发展，大数据已广泛应用于各行业、各部门的分析、研究、预测的过程中，成为一种最基本的科学工具。

11.4 人本规划

长期的工业化阶段中，在规划人员的思想中，是把城市主要作为一个经济体、经济中心、经济增长极的概念而进行规划的。因此，以经济为主、以物为主，发展规划（主要是经济产业规划）、物质性规划是规划的中心，先生产、后生活，先治坡、后治窝，重产业、轻服务；人口规模计算以基本部门（为市外服务的生产部门）人口为主，而市内服务部门人口为非基本配套人口；生产（工业）用地多而效益低，居住用地少而质差；用地选择中以工业优先，生活居住仅作配套，只重视经济生产，忽视社会生活的情况比比皆是。固然，这可以理解为处于工业化时期国家发展的背景，或者必经的阶段。但是到了工业化后期乃至后工业化时期，部分地区和城市依然奉行这种规划思想就成了最大的问题。1980年代，国家城建总局邀请新加坡华人规划师孟大强来华，在他对湖北襄樊规划的指导中（我也参加了）就已经提出了"要关注人""要把最好的土地留给生活用地"的意见。实际上，人本主义是城市研究的主要流派，是城市规划思想的主要源泉。从早期的霍华德、格迪斯、《雅典宪章》到现代的芒福德、雅各布斯、萨森等都引领着西方城市研究与规划更多地关注人，关注社会。虽然，理念和实际还有差距，但是规划实践在关注人的进步方面还是显而易见的。特别是1960—1970年代以来，"人本主义"理念重现，重新实现了"人"的核心地位的回归，"以人为本"成为规划的核心理念。特别是读到了美国著名规划师亨利·丘吉尔撰写的《城市即人民》一书的主题，及其再版后吴良镛先生在序中指出其重申"城市属于它的人民"这一基本思想时，我更感到这一理念强大的影响力，在国际规划界中"以人为本，宜居城市"成为共同的目标和追求。

我国也早在21世纪初就提出了"以人为本"的思想，在一些城市规划和建设中有所体现。我们在1995年温岭市城乡一体化规划中就提出"以人为本"的理念，但久久未能成为城市规划和建设的主导。21世纪第二个十年以来，以人为本、人本主义的理念日益受到各界的理解和重视，以人为中心，以人的发展为中心，以满足人的需要为目的，中央城市工作会议、城镇化工作会议、新型城镇化规划都传递了这个重要的信息。党的十九大更明确指出了"我国社会主要矛盾已经转化为人民日益增长的美好生活需要和发展不平衡不充分之间的矛盾。""以人为本，以人民为中心，以人的需求为目标"成为国家发展和城市规划建设的基本理念和指导思想。然而，城市规划如何体现以人为本？如何适应和响应这个人本时代的到来？为此，我提出了"人本规划"的基本观点。我认为城市规划不仅是规划一个物质环境的城市，更是规划一个"以人为本"为主体的社会。为此，需要重新认识城市的价值：①城市发展的根本目标不只是服务于经济、创造国内生产总值（GDP），更是服务于人，为人创造良好的人居环境；②城市不仅是建筑物、构筑物堆积起来冰冷的物质载体，更是人们集聚的公共场所和充满活力的空间；③城市不仅聚集了来自各地的人群，更是活跃而相互交融、充满思想火花的创新之源；④城市不仅是人类创造的最大奇迹，更是塑造人、教育人、改造人的文明容器。基于以上认识，我认为人本规划的任务是构建四种满足人的需求的人居环境。①实现人的价值的发展环境。人是智慧动物，人具有巨大的发展潜力，人的价值随发展条件而改变。为此，城市应该创造人可持续发展的就业和学习条件，提供终身教育的机会，多种就业渠道。②满足人的各种需求的服务环境，提供满足多层次人群的差异化的公共服务设施、住房和活动空间，特别需要关注城市弱势群体的需要，满足人们生活全时段需要（包括夜间）的设施和空间（包括节假日的活动空间）。③保障人的健康安全和生态安全环境，建设健康城市，保障人们追求优质空气、水、食品等的基本权利和需求，建设以人为本的城市交通体系，保障居民顺畅安全出行，营造和谐安宁的社会安全环境，构建城市生态安全格局，提高抵御灾害的能力。④构建宜人尺度的空间环境。建设人性化城市，关注人性化维度。城市是人的感知空间，城市空间应符合人的尺度。以人为本，就是以人的感受作为基本出发点，符合大众的感官特征和尺度需求，城市形态、格局、建筑层数、密度、道路广场的设计，都应满足人活动的需求，符合人性化的尺度。规划建设更多的人性化空间，建立覆盖城乡、服务便捷的社区生活圈，增加供人交流的场所空间（道路、广场、小游园、滨水空间）。

要做好人本规划，重视人本规划的基础工作。人本规划的基础之一是研究人。传统的城市规划中对人的研究主要包括：①预测人口规模，以人定地，确定建设用地规模，为此研究人口数量变化、年龄结构、人口增长率；②根据人口数量的各区分布，配套基础设施和公共服务设施。总的来说，传统的城市规划着重于总量，把"人口"视为"同样"的人。人本规划对人的研究则需要深入研究人口的结构，包括年龄、性别、教育、收入、职业、健康状况、民族，明确城市人口结构的总体特征和比例，大致划分人口阶层（按收入和职业、文化等）。由此，按不同结构、不同阶层人口分析其需求，从而配套不同档次的各种设施（从全市到全区）。张京祥教授在承担21世纪新一轮南京城市总体规划的人口专题研究时曾对南京人口的总体特征和不同层次的人口的需求作了深入分析，提供了一个很好的案例（图11-1）。人口结构的研究不能仅仅满足于现状，更要着眼未来产业和科技影响下人口结构的改变。

人本规划的基础之二是研究空间。城市是人工化的人地系统。人是空间的主人，空间因人的存在而有价值，城市空间的主角是人（市民）。因此，要从人的需求视角出发发现空间，认识空间，利用空间，塑造空间。从大的空间格局、空间结构，从成片的绿化，到边界零星空地、街道空间、滨河地带乃至历史空间都需要发掘、利用、改造，尤其要营造更多的为市民所共享的公共空间。

图 11-1 "人本视角下的南京城市发展动力研究"
资料来源：张京祥、于涛主持，南京大学城市规划设计研究院，2017 年

人本规划的基础之三是研究人的活动（流）。人的流动是人在城市活动中的最直接表现，人的通勤、公务、消费、旅游、休闲、交往等活动构成人与城市关系的方方面面，是城市活力的重要标志。人流的频率、密度、地点、方向、时段、交集都是人的行为的时空关系的反映。大数据和移动通信技术为研究人的流动提供了及时、可靠、海量的证据。同时，对未来人流的预测也是规划的重要内容。

第 12 章 国际考察和访问

2004 年退休以后,我参与的国际学术交流逐渐减少。我在南大的几位弟子(张京祥、朱喜钢、王红扬和南大规划院上海分院的沈强等)出于对我的关心,也知道我对城市探索的兴趣依然,因此,他们利用每年的暑假组织我们一起去国外考察。本章"国际考察"的写法也就更像是旅行记和考察观感。

12.1 神户参会之险

2005 年 8 月,由日本德山大学的张志伟教授主持的亚洲城市化国际会议在神户召开,南大由我(夫人同往)、张京祥、朱喜钢、王红扬还有大连规划院的赵炎等组团参加,我还见到了南京地理所的虞孝感教授和姚士谋教授、香港中文大学杨汝万教授夫妇、美国阿克伦大学马润潮教授,老朋友相聚一堂,十分开心。我们由东京来到神户,当天办好报到手续后到酒店休息,准备明天出席会议。不料第二天一觉醒来,我在洗漱时发现自己把不住剃须刀方向,头晕,走路不稳,出不了房门(出门方向偏斜),写不了字(第一笔是字,后就成了一条线),于是赶紧躺在床上,招呼同事过来,大家也很着急。我让大家继续参加会议,让马润潮教授(他英文好)陪我去医院。到了日本医院,医生诊断说是"感冒",开了药品。我认为不对头,感冒不是这种症状,但也没有办法,只能卧床休息(当时真的是缺乏医疗常识,其实这是一种典型的脑梗症状)。会议组织大家参观了名古屋、大阪等城市。我整整躺了三天,连药都没吃。等会议结束,这些症状都已基本消失,就是走路要慢些。我当时面临一个重要抉择:原计划会议后去北海道旅游,因为大家多次来日本,均没到过北海道,因此计划趁这次会议去一次。但我病刚好,能不能去?如果我们提前回国,大家不放心,必然要有人陪同,这就影响了计划;如果去,又不知身体能否支撑,没有把握。当时,我也不清楚这个病,也不知后果。为了集体活动,我决定照原计划进行。结果,我们照常参观考察了北海道,如愿完成了这次旅程。去了北海道,我深感日本在国土开发保护中的远见。在小小的岛国,"深藏"着这片广阔的、占日本面积1/5的、待充分开发的土地。整个北海道土地辽阔、资源丰富、景色秀美,多温泉。首府札幌是一座现代化城市,整洁美丽,是一个旅游胜地。

日本归来后,我即去医院检查,经拍片诊断是腔隙性脑血管急性脑梗,脑部有明显的血块和阻塞点,但我感觉上并无异样。为慎重起见,我在一个月内未服药,请专家多次诊治,多种仪器检测,包括当时最先进的"pet-CT"检查,自费1万元(南京仅有两台仪器,分别在人民医院与军区总院,我在总院做的检查),以探求其原因,最终仅检查出高血压(以前没有),没有其他病症。不久后,脑部原有的血块也自动消失,更令人奇怪的是咨询专家均难知其因。于是我开始服降压药和疏通血管之药至今。一场虚惊,给了我们大家启示:不能过分劳累(我在赴日本前忙于修改博士论文等,十分疲劳),注意生活节奏,增加医疗知识,注意预防和及时治疗;遇事不慌,冷静处理。我脑中血块消失的原因最后由北京协和医院神经内科的名医、清华朱自煊教授的夫人诊断得出:血块是脑血管痉挛而引起淤积,血管舒展了,血块就没有了。

12.2 欧洲小城镇考察

我多次在国外开会、考察都在大都市,或是大都市郊区、新城市,对于国外的小城镇实际了解甚少,于是和一些弟子们(张京祥、朱喜钢、王红扬、沈强等)决定进行一次以小城镇为主的国外考察。我们国外考察的做法和一般的旅行不同:一是带有专业性,不是听介绍看资料,而是实地考察,了解国外的城市发展建设和规划状况;二是考察路线、考察地点均由我们自己确定,旅行社仅需帮我们安排好交通、食宿和地陪即可(有时也不需要地陪)。因此,每次收获颇丰。这次,我们决定去小城镇发育最好的欧洲考察。从法国南部开始,沿阿尔卑斯山一路东行,经瑞士、奥地利到德国,历时15天。欧洲的小城镇(村)使我们大开眼界,印象和启示主要有以下几点。一是特色鲜明。每个小城镇(村)都有其自然的、历史的、建筑的特色。如法国南部以马赛为首府的普罗旺斯地区的多个镇、村中,艾克斯古城以画家塞尚故乡和繁荣的集市而名;阿尔勒是纪念画家梵高的圣地,有以梵高命名的咖啡馆;阿维尼翁有12世纪建设的贝内泽断桥遗址,给人们留下无限遐想。奥地利萨尔茨堡利用莫扎特出生地这个品牌布置了很多与莫扎特有关的内容,如故居、店招、广场、莫扎特像的糖果盒等（图 12-1）。二是充分发挥自然环境的特点，借物、借景、借势进行村镇建设。我们经过让人惊叹的在一个山坡上完全用石头建设起来的法国勾禾德村（图 12-2），依山就势，就地取材，洁净质朴，天人合一，是旅行的胜地。其间，我们还顺道参观了一座位于小路边的房子，和一位老太太交谈。我们问她为什么住在这样偏僻的石屋里，她说她祖祖辈辈就是在这里生长起来的，年纪大了，故土难离，更想回来住住。三是小城镇规模都不大，但是很自然、清新、平和，河流清澈地自然流淌，呈现出自然、宁静的人居环境。四是小城镇街道整齐，房屋建筑色彩鲜艳，商店布置很有特色。其中有一个小城镇，家家商店都挂有不同质地、不同式样的饰件、店招，有小灯、有悬铃、有铁质、有木制、有玻璃的，形态各异，材质不同，很易识别，尽显特色。在途中，我们顺道参观了几个村庄。当天正是周六，我们看到了几个人正在整理园子，交谈之下，了解到他们都在城镇工作，但居住在村子里。他们说由于欧洲国家城乡的基本服务设施差别不大，因此，这种平时在城镇工作享受现代化的工作环境设施，晚上周末回家过着宽敞、宁静的居住生活的通勤方式十分普遍。这也使我们对"乡村人口"有了新的认识。据资料，欧盟的就业

图 12-1　萨尔茨堡街景

图 12-2　依山就势的勾禾德村
资料来源：王红扬拍摄

城镇化水平（非农人口）在 95% 以上，但仍有 50% 的人居住在乡村。欧洲小城镇的考察使我认识到：评价小城镇不在于规模大小、经济强弱、建设好坏、条件优劣，而重在尊重自然、尊重历史、尊重文化，在于彰显特色，重在人的要求、人的感受。一个有亲切感、自豪感、归宿感的城镇就是好的城镇。

这次欧洲小镇旅行还发生一件小小的意外，我从中体会到了国外医疗制度的规范和水平。在我们旅行中途下车休息时，旅游司机就启动自动门让我们下车，我和夫人坐在第一排，我夫人就第一个扶住车门下车，哪知司机当时没有把车门完全打开，继续打开车门时，就夹住了她的手指，划出了一个很大的伤口，血流不止。于是我们先去超市买了急救包止血后，即去日内瓦就医（我们原来没有进日内瓦的计划）。进入日内瓦我们看到了第一家医院即去就医，这虽是一个小医院（相当于我们的街道医院），但一切都十分规范。我们挂了号，护士在手术室做好了各种准备等待医生上班（当时正是中午休息）。医生来时，非常仔细地查看了伤口，提出治疗方案征求患者意见，然后进行伤口缝合，告诉我们注意事项，让护士拿药等，非常有序。伤口缝合效果很好，我们回南京后到医院拆线时，护士说他们是用美容线缝合的，所以拆线后，手指上一点受伤的痕迹都没有。

12.3　新加坡记

我国改革开放以来，规划界对"亚洲四小龙"之一、面积不大（500多平方公里）、人口不多（500多万人）的新加坡的发展颇多赞誉。而随着1990年代由新加坡人承担的苏州工业园区的规划及其建设，更使新加坡在城市规划建设管理方面的经验广为流传。江苏省除了要求干部培训班赴新加坡学习外，更要求每个城市都到新加坡参观学习。我曾在出国途中在新加坡停留过一夜，也参加了苏州工业园区的专家评审，在杭州概念规划中也学习了"X"年规划的理念，但未曾实地调查。21世纪初，我借担任新加坡在中国的一家城市规划咨询公司——新艺元规划设计公司顾问的名义，随李春梅总规划师率领的一批新成员赴新加坡学习（该公司规定新招收的公司员工必须到新加坡学习一周）。到新加坡后，首先由CPG集团老总陈翠青介绍新加坡的规划状况，我们又到集团由规划部的女工程师谈规划的项目和实施状况。一周的新加坡考察给我留下了许多深刻的印象。①新加坡的规划经验。我个人去拜访了新加坡重建局符基仕总规划师。他是新加坡团队编制的"苏州工业园区规划"的负责人，因参与专家评审而与我结识。后因他与我的学生、曾任苏州工业园区规划处长的陈启宁共同创办"邦城规划设计公司"而有更多交往，也曾请他来我校讲课。他带我去新加坡规划馆边参观、边讲解，让我了解了新加坡每十年进行概念规划，每五年进行总体规划编制的程序坚持至今，既发挥了战略引领作用，又落实了空间布局，形成良性发展的局面，也了解到规划留白——"白地"做法的作用和价值及其所体现的规划前瞻性和弹性。②新加坡的新城。新加坡重建局派一位工程师陪同我们参观了几代新城。新城建设规范有序、有效，在解决平衡区域经济发展、公共服务设施和住房等人居环境建设上发挥了很现实的作用。更令人感兴趣的是新城的地铁车站建设的规划思路，即在地铁站周围规划预留一片空地，地铁站建成后，该土地不急于建设，等发展条件成熟再开发建设。这样既发挥投资效益，也利于土地增值。我们还参观了新城周边建有的大批安居房，对"居者有其屋"的住房政策有了切身感受。③新加坡河两岸的利用。新加坡河对这个城市国家来说是一条母亲河，宽度不大，两岸既有绿化保护的岸线，也有密集开发的地段。我们参观的正是旅游休闲地段。临河开设了很多饮食、娱乐、游憩的休闲消费设施，人气很旺，但井然有序。而且两岸的设施也不同：一岸更多的是喧闹、娱乐；另一岸则是较安静的参观和休憩，给境外游客提供了一个与新加坡人共享美景的机会。④绿道系统。利用地形地势，建设了沿着"南部山脊"的长达10公里的穿越绿色环境的木质步道系统（也可称之为绿道系统），连接了新加坡一些美丽的公园、自然保护区等绿地，兼有健身、散步、游憩、赏景、交往的功能，是一个很好的设想和设计。⑤文化的多元性。小小的新加坡城有伊斯兰教、印度教、佛教等不同宗教和民族相对聚集地区，车水马龙，也有在建筑上颇显特色的区域。⑥规划人员不仅编规划（包括工程规划），而且还参与具体的项目建设实施过程，这是检验规划成效的好做法。

12.4 美国南部的考察

从 1985 年初访美国起，我曾多次访问考察美国，足迹遍及北部的五大湖地区，东部从波士顿到巴尔的摩、费城的大西洋沿岸，西部从西雅图至洛杉矶，中部腹地从阿拉巴契亚山地到西部落基山脉。除了密西西比河腹心地带外，基本上我都考察过了，但是美国 1970—1980 年代发展起来的南部还一直未曾去过。2007 年，趁参加美国地理学会大会在旧金山召开之际，我们计划到美国南部一游，以遂通识美国之愿。

我们在旧金山参加了会议，参观了著名的渔人码头，共同参加了马润潮教授的 70 岁寿宴，我还去了马教授在奥克兰位于山坡上的宽敞的新居。之后我们离开旧金山，到达洛杉矶，然后南下去圣迭戈这个美丽的海滨城市，也算是访问南部的起点。其间我们还去了邻国墨西哥的边境城市、墨西哥第四大城市蒂华纳参观。蒂华纳是美国人周末的旅游地，城市娱乐业发达，包括赌场、红灯区，城市嘈杂喧闹，光怪陆离，和圣迭戈有天壤之别。离开圣迭戈，我们沿美国南部东行去了航天城、石油城休斯敦，到了佛罗里达州，欣赏了著名的色彩绚丽的迈阿密海滩，随后乘飞机去了神往的夏威夷。在旧金山时，我们就讨论到去夏威夷这个世界级的旅游胜地，也谈到了"不到夏威夷还不能说到了美国"，因为这是和美国本土十分不同的土地。夏威夷位于太平洋中，距美国本土数千公里，是美国最新的自治州、美国太平洋海空军基地，是美、亚、澳航运中心。夏威夷全州岛屿密布，大小不一，全州由 124 个小岛、8 个大岛组成。各岛之间以船相通，主岛瓦胡岛是夏威夷人口最集中的岛（占总人口 70% 以上），首府设于檀香山市（人口近 40 万，占全州 36%，是全州唯一超过 10 万人口的城市）。夏威夷环境宜人，景色如画，消费价高，但游人众多，是著名旅游目的地，旅游业是第一大产业。年入境旅客曾达 3000 万人次，游客中近 80% 是度假旅游，有 70% 住在酒店。我们在旧金山时，就通过马教授的夫人预定了夏威夷的酒店。当时来夏威夷的大陆游客不多，我们也算为大陆发展、人民幸福作了很好的注解吧！岛上沿海湾是连绵的酒店，造型各异，酒店前一大片开阔绿地。每家酒店前都有一片海滩，海水湛蓝。

通行于酒店之间的道路两旁各色绿树花卉，色彩鲜艳。酒店管理规范，我们清晨在园子里散步，已有工人们在刷洗小桥的护栏，清理路边的杂草杂物，他们见人彬彬有礼。我们在夏威夷住了两晚，参观了日本偷袭珍珠港的遗址，还与在夏威夷大学工作的李世超（我的硕士毕业生，撰写国内城市带文章第一人）见了面，他陪同我们参观了夏威夷大学，还请我们吃了饭。此行圆了周游美国的梦，然后我们就乘机回国了。

12.5 难忘迪拜

很多书刊和电影介绍过 20 世纪世界新兴的城市迪拜。这个依靠石油资源、在热带干旱少雨气候中建立起来的城市，创造了很多城市建设的奇迹：世界最高的建筑之一、828 米的阿利法塔，位于波斯湾内人工岛的共 56 层、321 米高、造型奇特的 7 星级帆船酒店，填海建成的图形极美的棕榈岛（图 12-3）。一个面积 3980 平方公里、200 多万人口的城市居然其机场吞吐量达到 8000 多万人次（2018 年）。2010 年暑期，怀着探究城市发展动因的心情，我们规划学院的部分老师和南大规划院上海分院一众人去阿联酋的迪拜考察。到达迪拜后，在从机场到酒店的途中，我一边听着地陪导游的介绍，一边观察两旁的景色，领略着阿拉伯的建筑风格。沿途我看到在矮矮的

图 12-3 迪拜的棕榈岛鸟瞰
资料来源：王红扬拍摄

图 12-4 迪拜的帆船酒店
资料来源：王红扬拍摄

围墙内，大片空地中，耸立着体量较大、楼层不高的建筑，这些房子也许是某些王室贵族的住所吧！

帆船酒店确实是一座奇特而新型的建筑，耸立于海边，外形如同扬帆的大型白色航船（图12-4），生动形象，栩栩如生。由于来自中国的游客众多，因此，酒店还专门安排了一位华人工作人员负责接待，为我们介绍了酒店状况。

在迪拜，我们沿着来自各国的富人别墅区所在的棕榈岛的海滨道路游览，参观了具有中东风情的黄金市集（据称这里每年黄金进出口量居世界第二）和金银珠宝首饰街；参加了沙漠的"冲沙"活动，坐着特制的车辆纵横飞驰在起伏的沙丘上，颇有狂野风味；漫步在有浓绿行道树的大道，旁边布满了灌溉用的地面管线。我对这个城市也有了新的感悟：①关于一个城市发展起来的原因，传统的观念一是资源（矿产、农产），二是区位（近水、道路）。但从今天看来，这些现成的、固有的发展要素并不是决定性的。在全球化的背景下，生产要素是自由流动的，市场法则决定了之后的走向。地理区位、交通区位依然有一定影响，但在信息时代、网络时代，网络节点和通道位置更显重要，而网络本身就是发展变化的。原来的断头交通今天可以形成米字形格局，关键是国家和地区发展的需求。美国的内华达州可以在沙漠中建立起繁华的拉斯维加斯，阿联酋也可以在干热的迪拜建立起现代化城市。②城市是社会发展的产物，城市会随着社会的发展、进步、趋势而调整其发展的方向和功能。到了迪拜，我们才知道迪拜的经济早已转型，石油收入在国内生产总值的比重不足10%，而制造业、物流、旅游业已经成为吸引投资的主体。各国富商在此购房、投资。拉斯维加斯同样也已不是以博彩为主业的赌城，会展业成了新的经济增长点。而我国大量的资源型城市面临收缩的趋势，只有站高望远，抓住时机，运用政策，调整结构，才能保持繁荣。犹如迪拜利用丰富的石油资源，以油价低的条件让各航班飞机来此经停加油，从而带来大量客流，也由此形成了物流业发展和投资便利的优势，促进城市的发展，江西景德镇从瓷都到今日的文化创意之城的发展路径也是如此。③地理（自然）环境固然是城市发展的重要条件，但并不是决定性的条件（不能环境决定论），而且环境的价值随着时代变化而变化，只要有发展需要，只要有人的需要，条件是可以创造的。缺水的迪拜、拉斯维加斯均是最好的实例，干旱的沙漠成了迪拜旅游的亮点。④一个城市要有特色，这个特色既可以是自然赋予的，例如大海之于迪拜，但更多的也要适应时代，利用科技、人文特点。拉斯维加斯集各国著名景点于一城、迪拜现代化的酒店服务设施和阿拉伯形式住居并存的场景，都显示了各自的特色，城市有特色才有活力。因此，虽然去迪拜考察已过去多年，但我印象犹深，说明其是一个成功的城市（图12-5）。

图12-5　从哈利法塔上看迪拜夜景
资料来源：王红扬拍摄

12.6 "拜谒"俄罗斯

对于 1950—1960 年代的年轻人来说，苏联是一个令人崇敬的圣地：冬宫、十月革命阿芙乐尔号的炮声、莫斯科的克里姆林宫和红场、列宁山上的莫斯科大学、世界青年联欢节的著名歌曲《莫斯科郊外的晚上》的旋律、莫斯科的星座状规划，均令人向往。因此，当得到王红扬教授的国际合作伙伴、莫斯科建筑学院教授费道尔·柯迪雅弗特赛夫（Fedor Kndryyavtsev）之邀去俄罗斯访问时，我很是兴奋。由于时间紧迫，我们到俄罗斯主要参观和考察两个城市：莫斯科和圣彼得堡。

在莫斯科，我们的第一站就是著名的克里姆林宫。在我的印象中，克里姆林宫应该像中国的皇宫那样，宫殿巍峨，周围布置气势恢宏，景色宜人。但当我们通过红色的围墙进入时，看到里面的空间并不宽敞，散布着大小不等的教堂和类似钟楼的宫殿形建筑，克里姆林宫是其中最大的。我们在克里姆林宫参观时，只是看到了不少教堂，办公场所都不开放。普京总统在另一处宫殿办公，而当天普京总统不在。我们在里面逛了一圈后，就回到红场。长方形的红场，在电影中看到显得相当宏大，近似于北京的天安门广场。但在现场感受，红场并不大，只有 9.1 万平方米，只是由于拍摄技巧，更多地借助于周围的建筑，特别是密集的色彩斑斓的穹顶宫殿群和周边的教堂、历史博物馆等建筑来显示广场的宏伟。我们还参观谒见了红场一角并不显眼的列宁墓，在穿越广场，逛了围绕广场的商店后，离开了红场。总之，与我预想的相差太大了。

在莫斯科，我们还在柯迪雅弗特赛夫教授的带领下，参观了规划展览馆，拿了份莫斯科早期的星座状布局的规划图。我们参观了向往已久的位于列宁山的莫斯科大学（图 12-6），高大雄伟的大楼前排列着雕像，整体上显得十分壮观。傍晚，我们还乘了船，徜徉在莫斯科河，对莫斯科景色也有一番新的感受。

在莫斯科，这里脚手架很少，不像中国的一些大城市到处都是脚手架。高层建筑也不多，整个城市看起来较为平直，少有显著的高低错落之感，但绿化很好。

圣彼得堡给我们留下了深刻的印象和好感。其毕竟是历史古城，曾为首都，虽经"二战"的战火，但仍留下了不少中世纪的建筑，而夏宫、冬宫（图 12-7、图 12-8）作为沙俄时期留下的两处宫殿更是历史文化的瑰宝，现均为博物馆。无论是建筑的体量、造型、色彩还是内部布置的富丽，宫藏文物之丰富，都使我们目不暇接，流连忘返，不虚此行。我们还欣赏了难得的原汁原味的芭蕾舞《天鹅湖》。当年，以乌兰诺娃为首的苏联芭蕾舞集团来华演出轰动一时，票价很贵，无缘一见，这次终于有机会看到

图 12-6　位于列宁山的莫斯科大学
资料来源：王红扬拍摄

图 12-7　圣彼得堡冬宫花园
资料来源：王红扬拍摄

图 12-8　与夫人在冬宫广场合影

了地道的芭蕾舞。《天鹅湖》那优美的旋律和翩翩舞姿，使人沉醉，难以忘怀。我们也参观了一声炮响的"阿芙乐尔号"巡洋舰，似乎可感受到俄国十月革命时激烈的场景。最后，我们怀着不舍的心情，离开了俄罗斯。

12.7　东欧纪行

在访问了俄罗斯的莫斯科、圣彼得堡之后，我们还去了捷克、匈牙利两国访问。对于布达佩斯、布拉格，我们过去读到、听到、了解到的印象多数是现代的城市，盛产玻璃制品（捷克）、电子产品（匈牙利）。这次考察让我亲身感受到了东欧国家城市的魅力：①极其厚重古朴的古城风貌，古堡、教堂、皇宫耸立，老城、古城中石子铺就的蜿蜒的小路，使城市充满了历史的气息；②沿河（布达佩斯的多瑙河、布拉格的伏尔塔瓦河）发展，把地势、建筑（古堡、教堂、宫殿）、桥梁、河岸结合在一起，形成美丽的城市景观，我们乘船漫游时更有感受（图 12-9）；③浓郁的文化氛围和优美的环境，大量的历史遗迹，贝多芬、李斯特等名人故居，博物馆和城市自然的环境（蓝天、碧水、绿地）、人文的绚丽色彩的民居，构成了一幅赏心悦目的美景，营造出值得旅游、令人回忆深远的城市。

图 12-9　多瑙河上看匈牙利国会大厦
资料来源：王红扬拍摄

在布达佩斯和布拉格，我们参观了古堡、教堂、博物馆。其中有一处让我印象深刻的是陈列在多瑙河一岸的 1956 年匈牙利十月事件当时一批年轻人脱鞋渡河留下的一排鞋子的模型。我们对于事件的始末和细节并不了解，但这个场景却告诉我们，城市是有历史的，记忆是无法抹杀的。

我们还饶有兴趣地参观了一些小镇，如布达佩斯的曲溪三镇。多瑙河在此段形成双 S 形，从而发育了三个各有特色的小城镇，规模不大，沿水而建，多绿地，多教堂、博物馆、咖啡店，还有艺术家们聚居，是休憩、旅游的好去处，给我们留下深刻印象。捷克波西米亚的克鲁姆洛夫小镇（图 12-10）由伏尔塔瓦河蜿蜒环抱，是联合国教科文组织授予自然和文化双遗产的城市、欧洲最美丽的中世纪古城。1 万多人口的小城镇有着令人神往的景象，有仅次于布拉格的捷克第二古堡塔，有河流环抱的遍布于小镇的 14—20 世纪的巴洛克、哥特式建筑，捷克皇宫、双塔教堂、古堡花园、石板街道、色彩鲜艳的建筑屋顶等都使小镇散发出迷人的吸引力。晚上，我们还参观了百威啤酒小镇。从这两个城市的考察，特别是小城镇考察中，我深感小城镇发展的吸引力还是"文化挖掘+自然山水"，而有机组合的城市景观则是吸引旅客的一张入场券。这次小城镇的考察，也触动了我们对于小城镇的兴趣，才有嗣后欧洲小城镇的专题旅游考察计划。

图 12-10 捷克波西米亚的克鲁姆洛夫小镇
资料来源：王红扬拍摄

12.8 浪漫巴黎

对于巴黎，人们都有着很多遐想：无论是巴黎公社的革命气概、中世纪的建筑、卢浮宫、凡尔赛宫、旖旎的塞纳河、巴黎圣母院的钟声，还是香榭丽舍大街、穿着代表世界潮流服装的悠闲人群……但是，自 1996 年匆匆经过，多年来我还没有去拜访的机会。2007 年，南大"中法城市·区域规划研究中心"成立。依据双方协议，隔年进行双方学术互访交流。于是 2008 年南大一行十余人由中法中心主任王红扬率领，访问了巴黎 12 天。进行了一天的学术交流后，我们开始了对巴黎的访问，参观、游览了主要的景点后，漫步于绿树成荫的大街，流连于著名的"老佛爷"商店，登上埃菲尔铁塔，踏勘了德方斯新城，巴黎给我们留下了美好的印象。而从城市研究和规划角度，我有几点感受。①巴黎是由塞纳河洲岛发育起来的单中心向外扩展的典型圈层式结构，而以奥斯曼规划设计的放射状广场为特征的、由厚实的石砌的成片古建筑组成的庄重古朴的巴黎古城和现代高楼大厦构成的德方斯新城被一条穿越埃菲尔铁塔和凯旋门轴线连接起来，十分规整。由此让我想起了"夭折"的北京规划的梁陈方案，巴黎值得成为古城保护的典范。而在前副总理万里指示下的"中古城、左新城"的古今分离建设的苏州模式，加之后来的东部苏州工业园区的"洋城"，令苏州构成了中国城市古今辉映、中外融合的城市发展样板。②巴黎浓重的文化气息，特别是不同时代的建筑（包括密特朗时代的蓬皮杜文化艺术中心）如此密集、如此多样是世界城市中所少见的。而巴黎的音乐、戏剧、美术、文学、服饰产业等更是世界闻名。"城市以文化论输赢"，确实是城市建设的一条重要竞争法则。③巴黎环境宜人，城市处处体现了以人为本的人文气氛。香榭丽舍大街那宽阔、整洁和周边协调的绿色氛围，塞纳河边那悠然步行的人们（据称在夏季时会把部分车行道改为步行道供行人使用），遍布全域的不同尺度的公共休闲空间，傍晚在街道店铺外张开的一顶顶帐篷、搭建的天棚和边喝边聊天的年轻人，构成一幅幅和谐欢快的生活图景，让我体会到了为什么人们都对一些众人向往的城市冠之以"巴黎"之名，如上海是"东方巴黎"、哈尔滨是"北方巴黎"等。

12.9　难忘的意大利

借我的博士生焦泽阳（东南大学建筑系毕业，在南大规划系任教）与意大利都灵理工大学科研合作的机会，我们一行人得以去意大利考察。我们先后参观、考察了意大利的都灵、米兰、罗马和梵蒂冈城国。一周的意大利考察给我们的一个深刻印象是这个国家古老但又衰败的景象。也许是我们考察区域所限，很少见到城市里热火朝天、布满脚手架和吊机的建设景象，整个城市街道（除了商业大街等主要街道）的氛围显得阴沉、暗淡。一些小街背巷里摆了很多地摊，一些大街上的一群群来自中东的失业年轻人倚立街头，抽着烟，无所事事。更令人难忘的是，到处可以看到一群群的吉普赛人，从老人到小孩，尤似"一家人"，在街上闲逛，看准机会进行偷窃（常常是小孩去偷窃，大人在旁边看着，当被窃者看到这群人时，即使发现失窃了也不太敢声张）。我们一行共 11 人，每个人都有遭窃的经历，只是由于我们高度警惕才未让他们得逞。最令人惊讶的一次是我们去火车站准备乘车，看到车站上有不少的吉普赛人。当我们排队上车时，我和夫人站在焦泽阳的身后，正待上车时，来了一个怀了孕的吉卜赛妇女，还拎着一个孩子硬是插在我们前面上车，我们只得让开，在她后面上车。她紧靠着焦泽阳前行，我们在她身后。忽然焦泽阳背包上掉下了什么东西，然后被这妇女一脚踩在下面，正待她弯腰去取时，我们即招呼焦泽阳"掉东西了"，焦闻声回首，急忙取回被妇女踩住的东西，发现是我们全队的护照和有关文件，真的好险。而妇女见目的未逞，即回头走出车厢，真是令人唏嘘。但是，意大利作为文艺复兴的诞生地、

图 12-11　罗马斗兽场
资料来源：王红扬拍摄

古希腊和古罗马文化的交融，都使我们深刻感受到哲学、音乐、戏剧、文学的浓重的文化气息和厚重的历史沉淀的沧桑感，精致的教堂、宏大的罗马斗兽场（图 12-11）、巍峨的古建筑等都留下了深刻的印象。意大利真是一个令人神往又难忘的国家，我们看到的只是局部，但愿它能再度复兴。

我们还匆匆地参观了面积仅 10 平方公里，人口不到 1000 人（多为神职人员）的"城中之国"的梵蒂冈。金碧辉煌的圣保罗大教堂宫殿式的围廊、熙攘拥挤的人群、通往罗马的一扇扇城门，都显示了这个特殊的宗教王国的魅力和与罗马不可分割的联系。而古罗马文化遗留下的辩论、争鸣、交流之风依然传承至今，成为美事。

12.10　北欧之旅

谈起北欧，给我的几个最主要的印象是：都是保留国王的君主国家（丹麦、挪威、瑞典等），是著名的高福利国家（一生无忧的教育、医疗保障）；那里有已越来越少的纯粹的欧洲人那种金发碧眼、身材高大的基因；经济发达，居民收入高，贫富差距小；

位于斯堪的纳维亚半岛，多海面、多岛屿的注重生态之国。因此，在2006年考察意大利之后，我们即经德国去北欧访问，由于时间关系，只访问了丹麦和瑞典两国。我们先到了丹麦首都哥本哈根，然后乘渡轮，过厄勒海峡（2000年建成跨海大桥）到达瑞典，经马尔默到其首都斯德哥尔摩。

考察了北欧的哥本哈根和斯德哥尔摩给了我深深的触动：什么是富有吸引力的城市？什么是赏心悦目的宜居城市？什么是平和、公平的和谐城市？评价一个城市，不在于其人口规模的大小（哥本哈根、斯德哥尔摩人口均100多万人）、国内生产总值的高低、现代化建筑的多少，而在于文化的浓郁，生态环境的优美，人与自然、人和人的和谐。丹麦被称为童话王国，世界著名童话作家安徒生在哥本哈根度过了大半生，海边的美人鱼雕塑成为世界闻名的旅游景点；斯德哥尔摩老城（王宫、议会大厦、市政厅、中世纪街道）的古朴和新城的高层新楼相融；哥本哈根是自行车之都，斯德哥尔摩是千岛之城（市区有14个岛屿，70多座桥梁，图12-12）。古堡式的金色皇宫在碧蓝的海水映照下熠熠生辉，遍布市区的博物馆透射出文化的浓重。我们曾去过一个博物馆，那里游人很多，很多老年人衣着得体地仔细参观着展品。博物馆也是一个休憩之地，有多种购物、美食、阅读等设施，气氛一片祥和。由于

图12-12　斯德哥尔摩千岛之城
资料来源：王红扬拍摄

图 12-13　HSB 旋转中心摩天大楼
资料来源：王红扬拍摄

没有经历过战争，城市充满着和平、和谐的气息，虽然开放但却是犯罪率极低的城市。北欧城市也非常重视环保，位于马尔默的 190 米高、共 54 层的 HSB 旋转中心摩天大楼是由西班牙建筑师利用风的原理设计的环保住宅建筑（图 12-13）。北欧城市在世界诸多城市排名中（宜居城市、幸福城市、文化城市、历史文化名城、和平城市、避暑之城）均居前列，究其原因，我感觉是：城市发展和建设体现为人、为生活、为人居环境的理念。

12.11　朝鲜之旅

　　2005 年，我们有机会去朝鲜访问。在丹东，我们留下了手机、带镜头的相机等物品乘火车过鸭绿江到达朝鲜的新义州。到了新义州后，我们在车站广场下车，列队等候检查，然后由朝鲜旅行社陪同人员陪同继续乘车去平壤。列车是十分简单的木板硬座（类似我国 1950—1960 年代的火车），没有空调，开着风扇。导游告诉我们车站沿线不准照相，城市也只准在允许的地方照相。到平壤后，我们住在接待外宾的最好的半岛酒店。国内传言朝鲜的物资匮乏，所以，我们已有思想准备，但实际上伙食还是不错的，宾馆设施也尚可。

图 12-14　朝鲜主体思想塔
资料来源：王红扬拍摄

平壤的街道整洁宽阔，两旁建筑整齐，挺拔的交警（也有女警）自如地指挥交通，街上行人不多，人们衣着朴素，看不到挺着"将军肚"的男人，我们还看到了一队队的朝鲜军人匆匆经过。金日成广场是平壤最著名的游览地，也是最庄重的建筑，宽广宏大。主体思想塔高耸，朝鲜领导人金日成的塑像耸立，建筑上悬挂着他的语录和朝鲜国家建设的目标（图 12-14）。我们到了中国志愿军烈士纪念塔前献花，参观了金日成、金正日两代领导人的纪念馆和他们的故居，参观了我国援建的深达百米的地铁站。我们去了专门服务外宾的礼品店，那里商品种类繁多，服务员衣着鲜艳，彬彬有礼。欣赏了在青少年宫令人震撼的少年艺术团的近百人的演出。演出前我们还参观了正在准备的排练房，捐出了一些给孩子们的文具（不能个人捐助），感受到朝鲜严格的组织性、纪律性。

第 13 章 结语

本书终稿之时，恰逢南大为庆祝中国共产党建党百年，举行倒计时百天的纪念活动，期间为十名党龄在 50 年以上的老党员代表颁发了证书。我荣幸地位列其中（图 13-1、图 13-2）。在此之后，我也获得了党中央颁发的"在党五十年"纪念章（图 13-3、图 13-4）。南大授予我知识，赋予我政治生命，给予我服务人民的能力和实现梦想的方向。我感谢南大！2022 年，正值南大建校 120 周年，也是我进入南大 70 年之际，祝愿南大在建设世界一流大学的征程中阔步前进，取得辉煌成果，为国人表率，让师生自豪！长江后浪推前浪，一代代雄起的青年规划人将在指点江山、书绘大地的浩浩行军中，为中国的城乡规划事业绘上最绚丽的色彩，奏出最洪亮的乐章！我坚信！

图 13-1 南京大学纪念建党 100 周年活动颁发的感谢状

图 13-2　胡金波书记给南大党龄 50 年以上党员代表颁发感谢状

图 13-3　"在党五十年"纪念章授予现场

图 13-4　获得党中央颁发的"在党五十年"纪念章

后　记

本书从起意、立纲、动笔、修改到定稿，前前后后拖了四年多，而真正的写作工作则集中在 2020 年新冠肺炎疫情期间。洋洋洒洒 20 余万字的稿子，现在总算可以搁笔了。回过头来，我又不禁在想，这是本回忆录吗？这是我的回忆录吗？我写了什么？要写些什么？应该写些什么？一系列问题反问自己。确实在撰写的过程中，我也一直在思考这个问题。虽然，我已经尽量以"规划"为中心把我承担、参与、指导、了解以及我自己的感受、思考、评议、见解纳入其中，但区区的"小我"，较之于时代、事业、学科和南大规划学科的"大我"而言，只是一个点缀、一个印记、一个引子、一条轨迹。由此，我也坦然了，我是在写自己的回忆录。但回忆录的主角，并不全是我自己，而是改革开放以来的时代，是规划事业发展波澜壮阔的历程，是规划学科蓬勃发展的步伐，更是南大规划学科艰辛转型的奋斗记录。我希望通过我从事规划 40 多年的故事，从个人的侧面，反映、衬托、见证这个时代与规划事业、学科的进展和南大规划学科在这股洪流中激流勇进的情景。因此，回忆录中所写的规划项目、研究课题、学科事件、国际交往和南大点滴都是我所做、所参、所见、所闻、所思、所感，它只是作为几滴水珠融入了背景的大海之中。如果读者能在阅读中感受和品味到这些水珠的嘀嗒之声和淡淡的韵味，那正是我作为作者所期望的。

回忆录的完成，汇集了众多关心和支持者的辛劳。正如我在自序中所述，我没有准备写回忆录，也没有积累什么资料，更不知道应该怎么写回忆录。资料的缺失、事件的模糊、记忆的混乱……都使回忆录写得相当艰苦，惊动了许多人，劳烦了许多人。手稿反反复复修改、补充，乃至重写；一次次地找同行、同事、学生、朋友索取资料，回忆情节，核对人物；也寻找和阅读相关的回忆文章和史料。因此，回忆录的定稿有赖众人之力，而非我一人之功！要感谢烟台、岳阳、江阴、南京、江宁的规划部门帮助寻找和复印当年的规划资料，感谢南京市规划局收集、提供相关数据和材料。感谢我的学生张京祥、朱喜钢、王红扬、王兴平等诸位教授为我们共同承担和参与的各种规划项目课题不厌其烦地收集资料、核实事件，王红扬还提供了珍贵的照片。感谢翟国方、沈强、甄峰、黄春晓、罗震东、周扬等提供相关资料。我大学的老同学沈道齐提供了十分珍贵的交往活动图片，苏群、王本炎帮助我回忆一些往事，使得内容得以丰富、完善。申明锐作为年轻的副教授为书稿的定稿、出版做了大量繁琐的组织安排工作，吴俊伯、周文昌、杨帆等同学对全部书稿反复录入修改、精心打磨，我的助手王寅为我提供了细致的照顾和帮助。成稿后，张京祥、罗震东、申明锐又帮助校对了全书的内容。需要特别感谢的是英国友人柯尔比教授热情无私地提供家族在华状况、中国规划人员赴英培训和他在我国调查访问的资料。而我的家人的默默付出，为我创造了宁静专注的写作环境，更是完成写作的保证。正是各位的关心、关注、关切，才使得回忆录得以完稿。在这里，向各位表示衷心的感谢！也把这本回忆录献给为规划事业发展和关心规划成长的所有师长、朋友、校友和同志们！

时隔太久，年老健忘，所写所述一定有遗漏、不确、不足之处，敬请各位批评、指正。